DIE NEUE BREHM-BÜCHEREI

643

Die Blaumeise

Parus caeruleus

1. Auflage

Manfred Föger

Karin Pegoraro

Die Neue Brehm-Bücherei Bd. 643
Westarp Wissenschaften · Hohenwarsleben · 2004

Mit 35 Abbildungen und 15 Tabellen

Titelbild: Blaumeisenmännchen. Foto: B. BERGER.

Satz und Layout: Gabi Severin
Druck und Bindung: Druckhaus Laun & Grzyb, Wolmirstedt

Vorwort

Aus unserer langjährigen Arbeit mit Höhlenbrütern sind uns vor allem mit Blaumeisen zahlreiche Beobachtungen in lebhafter Erinnerung. Da war etwa ein Weibchen aus der im Gelände des Innsbrucker Alpenzoos brütenden Population, das so fest auf seinem Gelege saß, dass die vollständige Eizahl mit einem Zahnarztspiegel unter ihrem Bauch gezählt werden musste. Ein weiteres brütete über mehrere Jahre – wie eine »alte Bekannte« – im Untersuchungsgebiet und war dabei erfolgreicher als alle anderen Artgenossinnen. Ungemein einfallsreich erwiesen sich etliche Individuen, die aus Zoovolieren zusätzliches Futter für ihre Jungenaufzucht holten: Jede vorhandene Lücke im Maschengeflecht wurde entdeckt und zum Einflug an den gedeckten Tisch genutzt. Etliche Erlebnisse beziehen sich auch auf die Beringertätigkeit: Trotz ihrer Zartheit können manche Blaumeisen wie kaum eine andere Art demjenigen Schmerzen zufügen, der sie aus dem Japannetz zu befreien versucht. Gezielt wird unter die Fingernägel gehackt oder mit großer Kraft an der zarten Hautfalte zwischen Daumen und Zeigefinger gezerrt. Einmal mehr haben sich die possierlichen Vögel während unserer Studien als ideale Untersuchungspartner erwiesen, gerade wegen ihrer ausgeprägten »Persönlichkeit«, die wir einem so kleinen Vogel zu Beginn unserer Arbeiten kaum zugetraut hätten. Wichtigster Schwerpunkt unserer Untersuchungen war die Brutbiologie der Blaumeise. Neben einer Population in Nistkästen, die spannende Einblicke in Details ihres Familienlebens gewährte, führten wir auch Untersuchungen an Naturhöhlenbruten durch. Sie halfen, manches unklare Resultat der Nistkastenbeobachtungen richtig zu interpretieren. Neben den Studien im Feld führten wir auch Laboruntersuchungen zum Embryonalstoffwechsel von Blaumeisen durch. Deutlich zeigte sich dabei die besondere Anpassung der Art an das Höhlenbrüten. Bedingt durch den aktuellen Beruf beschäftigen sich unsere neueren Untersuchungen vor allem mit der Habitatwahl und allgemeinen Aspekten der Ökologie. Besonders interessiert uns dabei die Indikatorfunktion, die der Blaumeise durch das reichlich vorhandene Basiswissen über ihre Lebensweise zukommt. Lebensraumqualität, aber auch langfristige Veränderungen lassen sich mit Hilfe dieser Art gut untersuchen. Andere Aspekte, die wir in unserem Buch beschreiben, haben wir selbst nicht näher untersucht. So mussten wir etwa bei der Bioakustik gänzlich auf die vorhandene Literatur zurückgreifen.

Wir hoffen, dass es uns gelungen ist, einen Einblick in das spannende Leben eines weit verbreiteten und oft in unserer unmittelbaren Umgebung lebenden Vogels zu geben.

Innsbruck, im Mai 2004 — Manfred Föger, Karin Pegoraro

Inhaltsverzeichnis

1 Die Blaumeise - ein Modellorganismus

In der Geschichte der Biologie waren entscheidende Wissensgewinne sehr häufig mit gezielten Untersuchungen an ausgewählten Organismen oder größeren systematischen Einheiten verbunden. Die Konzentration auf einige ausgewählte Tier- und Pflanzenarten ermöglichte immer wieder, sie in vielen Aspekten ihres Lebens genau kennen zu lernen und damit Rückschlüsse allgemeinerer Natur zu ziehen, welche nicht selten die Biowissenschaften entscheidend mitgeprägt haben.

In der Ornithologie werden seit längerer Zeit verschiedenste Untersuchungen an höhlenbrütenden Singvögeln durchgeführt. Zwei Arten kommt dabei eine überragende Bedeutung als Modellorganismen zu. Hat die Literatur über die Kohlmeise (*Parus major*) schon fast den Rahmen des Überschaubaren gesprengt, so ist die Blaumeise (*Parus caeruleus*) zwar ebenfalls gut untersucht, aber noch nicht so »überbearbeitet« wie ihre größere Schwesterart. Sie kann heute als klassischer Modellorganismus für die verschiedensten Fragestellungen angesehen werden.

Schon in der ersten Ausgabe des Journals für Ornithologie befasste sich KRÜPER (1853) mit der Oologie der Blaumeise. Er beschreibt ein Gelege, das insgesamt 17 Eier umfasste, von denen 10 bereits bebrütet, aber abgestorben waren, die weiteren dagegen in einem sehr frühen Stadium der Embryogenese standen. KRÜPER erklärte das Phänomen damit, dass es sich dabei um eine Mischbrut zweier Weibchen handelte, die zu dem unterschiedlichen Entwicklungsstand und der überhohen Gelegegröße geführt hatte. Mag diese eingehende Beschreibung mittlerweile wohl bekannter Phänomene (Mischbruten mehrerer Weibchen, ja sogar verschiedener Arten) für den Leser der Gegenwart auch seltsam erscheinen, so stellte sie doch einen ersten Schritt in der umfangreichen Diskussion um die Brutbiologie der Blaumeise dar.

In den folgenden über 150 Jahren und bis heute wurden immer wieder verschiedenste Fragen der Biologie dieser Art umfassend untersucht und diskutiert. Zu nennen wären etwa Arbeiten über die Wechselbeziehung zwischen Gelegegröße, Habitat, geographischer Breite und anderen Umweltfaktoren sowie Fragen der Populationsdynamik. Aus diesem Problemkreis ergaben sich weitere Fragestellungen zur Reproduktion. So stehen Fortpflanzungserfolg und damit elterliche Fitness im Vordergrund vieler Blaumeisen-Untersuchungen. Auch ihre Beziehungen zum Lebensraum wurden immer wieder angesprochen. In jüngerer Zeit hat sich besonders der

Mittelmeerraum zu einem Freilandlabor für diesen Interessenskomplex entwickelt. Diese Liste spannender Themen ließe sich beliebig lange fortsetzen.

Aus vielen Arbeiten konnten Rückschlüsse gezogen werden, die über das spezielle, ornithologisch motivierte Interesse an der Blaumeise weit hinausgehen. Sowohl für Fragen der theoretischen Biologie als auch für angewandte, naturschützerische Aspekte bieten die erwähnten Ergebnisse wertvolle Anregungen zu weiteren Untersuchungen und führen zu neuen Erkenntnissen von allgemeinerer Gültigkeit in der Ökologie.

Die Rolle der Blaumeise als »Labormaus der Freilandornithologie« erscheint damit unumstritten. Wir möchten daher im Rahmen dieses Bandes das derzeitige Wissen über die Blaumeise zusammenfassen und kritisch durchleuchten. Neben der umfassenden Darstellung der Biologie und insbesondere Ökologie dieses spannenden Vogels möchten wir aber auch aufzeigen, welche Fragestellungen bisher nicht oder nur unzureichend behandelt wurden. Erst das umfassende Wissen, das sich im Laufe von über 150 Jahren ornithologischer Forschung über die Blaumeise angesammelt hat, erlaubt, die richtigen Fragen zu stellen und entsprechende empirische oder experimentelle Untersuchungen zu planen. So soll das Buch besonders Anstoß für eigene Beobachtungen sein, die das Wissen weiter vertiefen und – vielleicht – wieder zu neuen, spektakulären Erkenntnissen führen werden.

2 Name

Sowohl der deutsche Name Blaumeise als auch die wissenschaftliche Bezeichnung *Parus caeruleus* weisen auf die Grundfärbung des Gefieders hin. Beide sind schon lange im deutschsprachigen Raum in Verwendung und wurden – in abgewandelter Form (Blawmeise/parus cœruleus) bereits in GESNERS Vogelbüchern (z.B. 1600) genannt. Lokale Benennungen enthalten ebenfalls oft die Farbbezeichnung »blau«, wie die Zusammenstellung von SUOLAHTI (1909) belegt. Auch in vielen anderen europäischen Sprachen bezieht sich der Trivialname auf die Gefiederfärbung der Tiere wie etwa blau oder azurfarben bzw. himmelblau (vgl. KNOBLOCH, briefl. Mitt.). Dazu möchten wir folgende Beispiele aufzählen: Dänisch: Blåmejse, Englisch: Blue Tit (tittr bedeutet im Altisländischen »Vögelchen«, MÜLLER 1998), Finnisch: Sinitiainen (sini = »blaue Farbe«), Französisch: Mésange bleue, Kroatisch: Plavetna sjenica, Norwegisch: Blåmeis, Polnisch: Modraszka (der Wortstamm »modr« bedeutet west- und südslawisch »blau«), Portugiesisch: Chapim-azul, Rumänisch: Pitigoi albastru (»bläulich«), Russisch: Lazórevka (Лазоревка), Schwedisch: Blåmes, Slowenisch: Plavček, Tschechisch: Sk̄ora modřinka Ungarisch: Kék cinege (kék = blau).

In manchen Sprachen hingegen geht der Name auf eine Wortbildung nach der Vogelstimme zurück. So heißt die Art etwa im Italienischen: Cinciarella.

Weitere Benennungen beziehen sich auf das Fressverhalten. Dass die Blaumeise auf Nahrungssuche von den Zweigspitzen herabhängt bzw. baumelt, erfährt man im Holländischen: Pimpelmees. Die Bearbeitung der Nahrung mit dem Schnabel spiegelt sich im Spanischen wieder: Herreríllo común (Herreríllo = »kleiner Schmied«).

3 Verbreitung und Systematik der Blaumeise

3.1 Verbreitung

Die Verbreitung der Blaumeise beschränkt sich mit Ausnahme von zwei schmalen Streifen im Mittleren Osten ausschließlich auf die Westpaläarktis. In West-, Mittel- und Osteuropa kommt die Art flächendeckend vor. Die einzige auffälligere Lücke bilden die Hochlagen des Alpenhauptkammes, wo sie durch die wenig geeigneten Lebensräume (Nadelwälder) selbst in an sich besiedelbaren Höhen fehlt (vgl. DVORAK et al. 1993, SCHMID et al. 1998). Auch die Hochlagen mancher Gebirge am Balkan scheinen unbesiedelt, doch liegen aus dieser Region vielfach nur unzureichende Daten vor (CRAMP & PERRINS 1993). Weiter fehlt die Blaumeise in Teilen des nördlichen Schottlands und auf vielen der vorgelagerten Inseln. Die Besiedelung der Äußeren Hebriden seit 1963 lässt eine leichte Arealausdehnung vermuten.

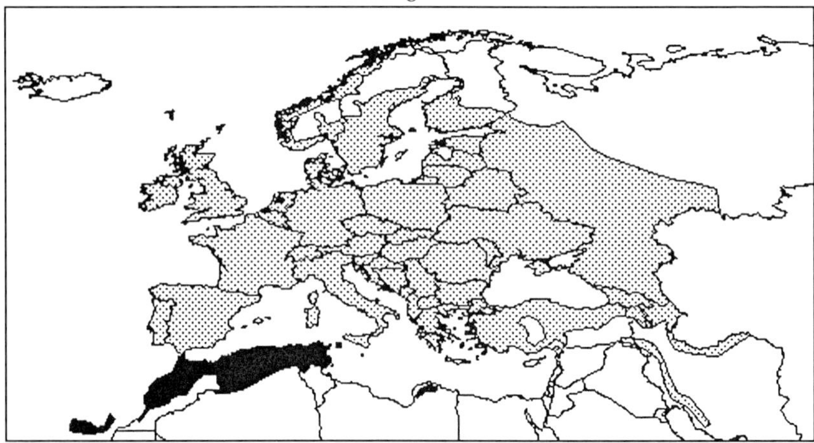

Abb. 1: Geografische Verbreitung der Blaumeise. Schraffiert: Unterarten der *caeruleus*-Gruppe (siehe Kap. 3.2.1). Schwarz: Unterarten der *teneriffae*-Gruppe (siehe Kap. 3.2.2).

In Skandinavien präsentiert sich das Verbreitungsbild der Blaumeise wesentlich lückenhafter. Das Areal beschränkt sich auf die südlicheren Landesteile und die Flachlandregionen. Fjällhochlagen bleiben unbesiedelt. Die Nordgrenze der Verbreitung liegt an der norwegischen Küste bei etwa 66° nördlicher Breite, in Schweden und Finnland etwas weiter südlich. Gerade in Finnland hat sich aber im 20. Jahrhundert eine deutliche Erweiterung und Nordwärtsverschiebung des Areals gezeigt (HAGEMEIJER & BLAIR 1997).

Eine weitere Ausdehnung erscheint im Zuge der globalen Erwärmung denkbar und könnte ein idealer Biomonitor für klimatische Veränderungen bzw. Einflüsse auf die Avifauna sein. Komplex und wahrscheinlich ständigen Veränderungen unterworfen präsentiert sich die Ostgrenze des Areals. Hier ist nicht auszuschließen, dass es zu wechselseitiger Beeinflussung mit der Verbreitungsgrenze der Lasurmeise (*Parus cyanus*) kommt, die immer wieder nach Westen vorstößt. Die Ostgrenze ist daher unregelmäßig und variabel.

3.2 Systematik und Unterarten

Bedingt durch ihre große Variabilität in einem vergleichsweise begrenzten Verbreitungsgebiet war die Blaumeise schon seit jeher bei Systematikern beliebt. Gerade in Phasen des »splittings«, des Aufteilens in möglichst viele Unterarten, entstanden so zahlreiche neue Bezeichnungen. Die Unterteilung in zwei Unterartengruppen wird heute weitgehend akzeptiert und hat in jüngerer Zeit auch ihre Bestätigung in molekularbiologischen Befunden erhalten (siehe Kap. 3.3). Wir möchten im Folgenden der von HARRAP & QUINN (1996) vorgestellten Gliederung folgen, die 15 Unterarten anerkennen.

3.2.1 Die *caeruleus*-Gruppe

Dieser Unterarten-Gruppe gehören die typischen Blaumeisen an, die unserer mitteleuropäischen mehr oder weniger stark ähneln. Innerhalb der Gruppe gibt es Unterschiede in der Intensität der Blau- und Gelbfärbung des Gefieders, daneben auch in der Intensität und Ausdehnung schwarzer Gefiederzeichnungen und in der Reinheit und Größe weißer Gefiederpartien. HARRAP & QUINN (1996) erkennen in dieser Gruppe neun Unterarten an:

Parus caeruleus obscurus PRAZÁK 1894: Diese Unterart tritt in Irland, Großbritannien und auf den Kanalinseln auf; in Westfrankreich kommt es zur Vermischung mit der Nominatform. Letzteres und die geringen Unterschiede lassen den Unterartstatus mitunter etwas zweifelhaft erscheinen. Die Kopfplatte ist etwas dunkler blau, der Mantel ebenfalls dunkler und mehr ins grünliche gehend als bei mitteleuropäischen Blaumeisen. Das Gelb der Bauchseite wirkt dunkler und etwas dumpf, die Fleckung der Armdecken ebenfalls düsterer. *Obscurus* ist im Durchschnitt kleiner als die Nominatform.

Parus caeruleus caeruleus LINNÉ 1758: Die Nominatform wird in Kapitel 4 eingehend beschrieben.

Parus caeruleus balearicus VON JORDANS 1913: Das Vorkommen dieser recht schwach unterschiedlichen Unterart beschränkt sich auf die Baleareninsel Mallorca. Das Gefieder erscheint insgesamt dumpfer, an Brust und Bauch stärker weiß als bei der Nominatform. Der Bauchstreifen ist oft deutlich reduziert.

Parus caeruleus ogliastrae HARTERT 1905: Portugal, Südspanien, Korsika und Sardinien sind die Heimat dieser Unterart. In einigen spanischen Provinzen treten Mischformen mit *P. c. caeruleus* auf. Diese Unterart ist jener der Britischen Inseln sehr ähnlich. Der Mantel kann jedoch mehr ins Blaue oder Graue tendieren, die Flügeldecken sind in der Regel dunkler und leuchtender blau. Die Unterseite erscheint strahlend gelb und zeigt keine grünlichen Töne. Auffallend ist der reduzierte Geschlechtsdichromismus (vgl. Kap. 4.1.2); die Weibchen sind mitunter genauso leuchtend gefärbt wie die Männchen.

Parus caeruleus calamensis PARROT 1908: Die Vertreter des südlichen Griechenlands (Peloponnes), der Kykladen sowie von Kreta und Rhodos unterscheiden sich in Gefiedermerkmalen kaum von der Nominatform. Allerdings sind die Vögel häufig kleiner. Es erscheint fraglich, ob diese Unterart nach einer kritischen Prüfung Bestand haben würde.

Parus caeruleus orientalis (ZARUDNY & LOUDON 1905): Sie tritt von der Umgebung der Wolga in Russland bis in den südlichen und zentralen Ural auf. Von der Nominatform unterscheidet sie sich durch die dumpfer gefärbte, mehr ins Grau-Gelbliche tendierende Oberseite (der Grünton ist deutlich reduziert) und durch die dumpfere, heller gelbe Bauchseite. Im Mittel sind die Tiere etwas größer. Die angeführten Unterschiede reichen nach Meinung mancher Autoren (z.B. STEPANYAN 1990 in HARRAP & QUINN 1996) nicht zur Abtrennung von der Nominatform. Über das Aussehen der Tiere im Übergangsgebiet zur Nominatform scheint nichts bekannt zu sein.

Parus caeruleus satunini (ZARUDNY 1908): Das Verbreitungsgebiet schließt im Südosten an die Nominatform an und umfasst die Halbinsel Krim, den Kaukasus und Transkaukasien, den nordwestlichen Iran, die östliche und südliche Türkei sowie Teile Turkmeniens. Die Unterart zeigt eine starke klinale (einem Gradienten folgende) Veränderung. In der Nähe zur Verbreitung der Nominatform sind die Tiere dieser recht ähnlich, es gibt eine ausgedehnte Mischzone in der westlichen Türkei, in Bulgarien, Nordgriechenland, Albanien und den benachbarten südlichen Balkanländern. Nur die Vögel aus dem östlichsten Teil des Verbreitungsgebietes unterscheiden sich deutlicher von der Nominatform. Auf der Oberseite dominieren Oliv- und Grautöne, die Bauchseite ist einheitlicher und dumpfer gelb. Auch der Unterart *P. c. orientalis* sehr ähnlich.

Zwei Unterarten dieser Gruppe treten schließlich in den beiden schmalen Verbreitungsstreifen der Blaumeise im Iran auf:

Parus caeruleus raddei (ZARUDNY 1908): Die im Nordiran beheimatete Unterart zeigt sowohl Ähnlichkeiten mit der Nominatform als auch mit *P. c. satunini*. Der Mantel ist im Durchschnitt dunkler und mehr bläulich, die Unterseite klarer und kräftiger gelb. Die Oberseite erscheint etwas dunkler und weniger grau als bei *satunini*.

Parus caeruleus persicus BLANFORD 1873: Diese Vögel sind im Zagrosgebirge des südlichen und südwestlichen Irans verbreitet. Am Nordrand des Areals gibt es Mischformen mit *P. c. raddei*. Tiere dieser Unterart sind generell blass befärbt, die Oberseite ist bläulich grüngrau, die Unterseite vergleichsweise variabel von weißlich gelb bis hin zu leuchtendem Gelb auf der Brust und weißlichen Noten nur im Bauchbereich. Im Durchschnitt kleiner als die Nominatform.

3.2.2 Die *teneriffae*-Gruppe

Gegenüber der in Kapitel 3.2.1. behandelten Unterarten-Gruppe sind die Vertreter der *teneriffae*-Gruppe wesentlich klarer voneinander abzutrennen. Dies beruht nicht zuletzt darauf, dass die sechs allgemein akzeptierten Unterarten allopatrisch sind und damit keine Mischzonen bestehen. Allen gemeinsam ist die dunklere Färbung und eine ziemlich stark abweichende Stimme.

Parus caeruleus ultramarinus BONAPARTE 1841: Diese Unterart ist in Nordwestafrika relativ weit verbreitet (siehe Abb. 1). Neben dem großen geschlossenen Areal in Marokko, Algerien und Tunesien siedelt sie auch auf der italienischen Mittelmeerinsel Pantelleria, die nur etwa 70 km vom tunesischen Festland, dagegen 85 km von Sizilien entfernt ist.

Parus caeruleus cyrenaicae HARTERT 1922: Diese Blaumeise ist ein Endemit der nordwestlichen Cyrenaika in Libyen. Ob das Vorkommen schon in früherer Zeit derart isoliert war, darf bezweifelt werden. Die Isolation könnte auch auf die massiven Lebensraumveränderungen in Nordafrika seit der Antike zurückzuführen sein. Seit dieser Zeit hat sich die verstärkte Trockenheit und die Ausweitung der Wüsten- und Halbwüstengebiete mit großer Wahrscheinlichkeit auch auf die Verbreitung von Waldvögeln ausgewirkt (vgl. HOLLOM et al. 1988). Vielleicht gab es einst einen Übergang zu bzw. eine Verbindung mit *P. c. ultramarinus*. *P. c. cyrenaicae* ist dieser Unterart jedenfalls sehr ähnlich. Das weiße Band am Vorderkopf ist allerdings schmaler, der Mantel dunkler und dumpfer blau, das Gelb der Unterseite etwas dunkler; am Bauch sind die weißen Gefiederpartien stark reduziert oder fehlen völlig. Die Tiere sind etwas kleiner als *ultramarinus*, haben jedoch einen dickeren Schnabel, was als Anpassung an die Nahrungssuche in Wacholder gewertet werden kann.

Die vier weiteren Unterarten der *teneriffae*-Gruppe beschränken sich in ihrem Vorkommen auf die Kanarischen Inseln.

Parus caeruleus degener HARTERT 1901: Diese besiedelt die beiden wüstenhaften Inseln Lanzarote und Fuerteventura. Sie erinnert an *P. c. ultramarinus*, ist aber auf der Oberseite matter und mehr grau, die dunklen Bänder an Kehle und Nacken sind breiter und die Unterseite ist dumpfer gelb mit einem höheren Weißanteil. Die Besonderheiten der Schnabelmorphologie – der Schnabel ist länger und dicker – dürften als Anpassung an den Lebensraum bzw. die Mikrohabitate bei der Nahrungssuche zu werten sein.

Parus caeruleus teneriffae LESSON 1831: Anders als ihr Name vermuten lässt, besiedelt diese Unterart nicht nur Teneriffa, sondern auch die Nachbarinseln Gran Canaria und La Gomera. Der Rücken erscheint noch dunkler als bei *degener*, die Unterseite ist dunkelgelb, der schwarze Bauchstreifen fehlt fast völlig. Der Schnabel (siehe Tab. 2) ist wie bei den folgenden Unterarten relativ fein und wird als Anpassung an die Nahrungssuche in Kanarenkiefern (*Pinus canariensis*) gewertet. Auch weitere biometrische Besonderheiten dieser Unterart (CARRASCAL et al. 1994) werden als Lebensraumanpassung gedeutet (vgl. Kap. 6.3).

Parus caeruleus palmensis MEADE-WALDO 1889: Endemit der Insel La Palma. Die Kopfplatte der Unterart ist sehr düster gefärbt, eher schwarz als blau, Mantel und Deckfedern sind dumpf und gräulich. Auf dem Bauch sind die weißen Gefiederpartien oft stark betont.

Parus caeruleus ombriosus MEADE-WALDO 1890: Endemit der Insel El Hierro. Diese Unterart ähnelt *teneriffae*, die Oberseite tendiert aber mehr ins Grünliche, die Unterseite ist kräftiger gelb.

Die Inselblaumeisen der Kanaren sind ein hervorragendes Beispiel für die Radiation eines Taxons unter den isolierten Bedingungen eines ozeanischen Archipels (GRANT 1979), wenngleich ihre Vielfalt natürlich hinter jener ganzer Inselgattungen oder -familien (z.B. Darwinfinken auf Galapagos, GRANT 1999; Kleidervögel auf Hawaii, FREED et al. 1987) zurückbleibt. Sie sind gute Modellorganismen für die Prozesse der Inselökologie und -ethologie. In den entsprechenden Kapiteln werden wir daher noch des Öfteren auf die Kanaren-Blaumeisen zu sprechen kommen.

3.3 Verwandtschaftsbeziehungen innerhalb der Meisen

Die Familie der Meisen (Paridae) im engeren Sinn umfasst je nach Autor 42 bis 57 Arten (CRAMP & PERRINS 1993, HARRAP & QUINN 1996). Mit zwei Ausnahmen – der Laubmeise *Sylviparus modestus* (LÖHRL 1981) und der Sultansmeise *Melanochlora sultanea* (HARRAP & QUINN 1996, LÖHRL 1997) – werden traditionell alle Arten der Gattung *Parus* zugeordnet. Andere, meisenähnliche Vögel (Schwanzmeisen, Aegithalidae, Beutelmeisen, Remizidae) werden in den neueren Systemen entweder eigenen Familien zugeordnet (VOOUS 1977, STURMBAUER et al. 1998) oder als Unterfamilie (Beutelmeisen, Remizinae) zu den eigentlichen Meisen gestellt (SIBLEY et al. 1988, SIBLEY & AHLQUIST 1991).

Die Meisen der Gattung *Parus* haben relativ runde und kurze Flügel. Die äußerste der insgesamt zehn Handschwingen ist deutlich kürzer als die übrigen. Sie erreicht ca. 40 Prozent der Länge der längsten Handschwinge (CRAMP & PERRINS 1993). Der Schwanz besteht aus zwölf Federn und ist zumeist kürzer als der Flügel. Der Lauf ist vergleichsweise kurz, die Füße sind kräftig entwickelt. Der Schnabel ist mehr oder weniger deutlich kegelförmig, wobei auffallende Unterschiede zwischen Bewohnern von Laub- und Nadelwald auftreten (PERRINS 1979). Erstere haben besonders kräftige Schnäbel, während letztere dünne, pinzettenartige Schnäbel aufweisen. Derartige Trends sind sogar innerhalb einzelner Arten oder Verwandtschaftsgruppen mit unterschiedlichen Lebensraumpräferenzen festzustellen (vgl. Kap. 3.2). Die Nasenlöcher der Meisen sind mit Borsten bedeckt, auch die Zunge besitzt am Ende vier Borsten (Autapomorphie der Gattung *Parus*). Etliche Meisen zeigen eine typische Kopfzeichnung, häufig treten auch dunkle Kopfplatten oder haubenartige Verlängerungen der Federn des Oberkopfes auf. Frisch geschlüpfte Junge tragen Dunen auf dem Kopf, meist auch auf den Schultern und am Rücken.

Alle eigentlichen Meisen sind Höhlenbrüter. Die meisten Arten brüten in Fäulnislöchern oder ehemaligen Spechthöhlen. Einige wenige hacken ihre Bruthöhlen selbst aus oder erweitern Höhlenanfänge (vgl. LUDESCHER 1973, LÖHRL 1991).

Tab. 1: Die Arten der (Unter-) Gattung *Cyanistes* und ihre geografische Verbreitung (nach HARRAP & QUINN 1996, SLIKAS et al. 1996).

Art	Verbreitung	Anmerkung
Blaumeise *Parus caeruleus*	siehe Kap. 3.1	–
Afrikanische Blaumeise *Parus teneriffae*	Kanarische Inseln, Nordafrika, Pantelleria	meist Unterartengruppe bei *P. caeruleus*
Lasurmeise *Parus cyanus*	von Osteuropa bis Ost-Sibirien und NO-China	–
Gelbbrustmeise *Parus flavipectus*	Gebirge Zentralasiens, isoliert in Nord-China	oft nur als Unterart der Lasurmeise betrachtet
Buntmeise *Parus varius*	Japan und umgebende Inseln (Kurilen bis Taiwan), Korea, NO-China, Ost-Sibirien	Stellung in *Cyanistes* umstritten
Weißstirnmeise *Parus semilarvatus*	Philippinen	weitgehend unbekannt, Verwandtschaft nicht geklärt

Nach verschiedenen Details der Morphologie und des Verhaltens, unterstützt durch molekularbiologische Befunde (siehe Kap. 3.4), werden sechs Untergattungen unterschieden. Die Blaumeise wird der Untergattung *Cyanistes* zugeordnet, der gelegentlich sogar Gattungsstatus zugesprochen wird (SLIKAS et al. 1996). Insgesamt umfasst *Cyanistes* je nach systematischer Auffassung vier bis sechs Arten (siehe Tab. 1).

Eine häufig diskutierte Frage sind die Verwandtschaftsbeziehungen der verschiedenen Unterarten der Blaumeise mit der Lasurmeise. MARTIN (1991) schlägt die Zusammenfassung zu einer Superspezies vor, die im Sinne VAURIES (1957) in vier Schwestertaxone einzuteilen wäre (siehe Tab. 1, ohne *Parus varius* und *P. semilarvatus*). Der Autor begründet diese Ansicht damit, dass die von ihm untersuchten Merkmale eine kontinuierliche Variation zeigen, die über die etablierten Artgrenzen hinweg geht. Allerdings beziehen sich seine Daten neben Gefiedermerkmalen ausschließlich auf verschiedene Körpermaße, die stark durch Umweltfaktoren beeinflusst werden. Daher sind die Ergebnisse nicht in allen Punkten mit den neueren genetischen Untersuchungen (vgl. Kap. 3.4) stimmig. Zwischen osteuropäischen Blaumeisen und Lasurmeisen treten regelmäßig Hybriden auf, die aufgrund ihres relativ konstanten Aussehens sogar als eigene Art, *Parus pleskei*, beschrieben wurden. Die Häufigkeit der Hybriden schwankt mit der Westgrenze des Verbreitungsgebietes der Lasurmeise (CRAMP & PERRINS 1993). Bei dessen Ausdehnung treten sie entsprechend häufiger auf und können dann gelegentlich sogar in Mittel- und Westeuropa beobachtet werden (z.B. 1989 und 2000 im österreichischen Seewinkel; RANNER 2003).

Die nächsten Verwandten der Untergattung sind die Kohlmeisen der Untergattung *Parus*. Ein interessanter Verhaltensaspekt, der diese beiden Taxa verbindet, ist, dass sie nach bisherigem Wissensstand als einzige Meisen keine Nahrung verstecken (SHELDON & GILL 1996).

3.4 Molekulare Aspekte der Systematik

Im Gegensatz zur sehr konservativen Morphologie und Ethologie der Meisen erweisen sie sich genetisch als außerordentlich variabel. Innerhalb der Gattung *Parus* können molekularbiologisch relativ große Unterschiede festgestellt werden (z.B. GILL et al. 1989, SHELDON et al. 1992), wie sie bei anderen Vögeln nur zwischen den Vertretern verschiedener Gattungen auftreten. Eine Aufteilung der Gattung in mehrere (Unter-) Gattungen, wie sie schon seit längerer Zeit immer wieder vorgeschlagen wird (vgl. CRAMP & PERRINS 1993), erscheint daher sinnvoll, bedarf aber weiterer Untersuchungen zur Klärung einiger strittiger Beziehungen, vor allem unter den asiatischen Meisen (J. MARTENS pers. Mitt.; vgl. auch Tab. 1).

In jüngerer Zeit hat die Vogelgenetik einen weiteren Aufschwung erlebt, der mit der generellen Verbesserung und insbesondere Vereinfachung molekularbiologischer Methoden zu erklären ist. Bereits Anfang der 1990er Jahre fanden VERHEYEN et al. (1994) hypervariable Mikrosatelliten, die sich bei Untersuchungen zum Paarungssystem und Bruterfolg bzw. bei populationsgenetischen Studien vielfach bewährt haben (siehe jeweilige Kap.). Untersuchungen mit Restriktionsenzymen (z.B. GELTER & TEGELSTRÖM 1990) und der DNS-DNS-Hybridisierung (SIBLEY et al. 1988, SIBLEY & AHLQUIST 1990) erbrachten auch für die Blaumeise neue molekularbiologische Erkenntnisse. Doch erst mit dem Siegeszug der PCR (polymerase chain reaction) wurden umfassende neue und reproduzierbare Ergebnisse zur molekularen Systematik gewonnen (GASSEN et al. 1994, MULLIS et al. 1994, NEWTON & GRAHAM 1994). Die PCR ist eine Methode zur Vervielfältigung von Nukleinsäuren. Das Reaktionsprinzip der PCR entspricht der Replikation (Verdopplung) der DNS in der Zelle: Eine DNS-Polymerase (ein DNS-vervielfältigendes Enzym) synthetisiert neue DNS an einer vorhandenen Nukleinsäurematrize. Zu diesem Zweck werden Inkubationsschritte bei verschiedenen Temperaturen zyklisch wiederholt. Mit Hilfe spezieller Moleküle, so genannter Primer, kann ein beliebiges Teilstück einer DNS in unzählig vielen Kopien hergestellt werden, die dann eine vergleichsweise einfache Ermittlung der Basensequenz erlauben (Details der Methode und ihrer Anwendung in der Vogelsystematik siehe etwa AVISE 1996, FÖGER 1998).

STURMBAUER et al. (1998) konnten durch ihre Ergebnisse den Status der Meisen als sekundäre Höhlenbrüter bestätigen. Auch die Stellung der Blaumeise zur Kohlmeise und den anderen Vertretern der Gattung wurde abgesichert. Die Untersuchungen von SALZBURGER et al. (2002) am mitochondrialen Cytochrom b-Gen bekräftigten darüber hinaus die Paraphylie der Blaumeise in klassischem Sinn (d.h. nicht alle Abkömmlinge eines gemeinsamen Vorfahren sind im Taxon enthalten). Gestützt auf ihre genetischen Befunde und Daten zur Bioakustik schlagen die Autoren eine Teilung in Eurasische (*Parus caeruleus* mit Unterarten) und Afrikanische (*P. teneriffae* mit Unterarten) Blaumeise vor. Die eigentliche Blaumeise wird als Schwestergruppe der Lasurmeise platziert, die Afrikanischen Blaumeisen als Schwestergruppe zu den beiden gemeinsam. Der Artstatus von *Parus flavipectus* wird dagegen nicht bestätigt. Innerhalb der Europäischen Blaumeise fanden die Autoren ähnlich wie TABERLET et al. (1992) mehrere Genotypen. Diese Befunde decken sich nur teilweise mit der klassischen Unterartengliederung und bleiben zum Teil schwer interpretierbar. Phylogenetisch sind sie im engsten Sinn als unterschiedliche Arten zu betrachten, biologisch dagegen nicht, da sogar die Partner innerhalb eines Paares mitunter verschiedenen Genotypen angehören (vgl. TABERLET et al. 1992, KVIST et al. 1999). Ähnlich wie bei verschiedenen Körpermerkmalen scheint es eine klinale Verteilung der Genotypen von Nordosten nach Südwesten zu geben, die mit unterschiedlichen eiszeitlichen Refugialgebieten erklärt werden.

4 Allgemeine Charakterisierung

Die folgende Beschreibung unterschiedlicher Merkmale der Blaumeise bezieht sich auf die in weitesten Teilen Kontinentaleuropas anzutreffende Nominatform *Parus caeruleus caeruleus*, die neben der sehr ähnlichen Form der Britischen Inseln auch einen Großteil der Untersuchungsbefunde geliefert hat.

4.1 Altvögel

Adulte Blaumeisen zählen zu den mitteleuropäischen Vögeln, die auch der Laie am leichtesten erkennen kann. Sie sind die einzigen Kleinvögel mit ausgedehnten hellblauen Gefiederpartien auf Kopf und Oberseite. Im Detail erweisen sie sich als erstaunlich bunt.

4.1.1 Gefieder

Im Kopfbereich zeigt die Befiederung von Blaumeisen ein sehr typisches Muster, das durch das Fehlen schwarzer Gefiederpartien weniger kontrastreich erscheint als etwa bei Kohl- oder Tannenmeise. Die Stirn ist vom Schnabelansatz bis zum vorderen Augenwinkel weiß; gelegentlich zeigen sich hier aber selbst nach der Juvenilmauser schwache gelbliche Farbtöne. Oben geht das Weiß allmählich in eine hellblaue Kopfplatte über, deren Färbungsintensität bei den Geschlechtern unterschiedlich sein kann (siehe Kap. 4.1.2). Die Federn im Scheitelbereich können zu einer niedrigen, stumpfen Haube aufgestellt werden. Vom Auge bis in den Nacken ist die Kopfplatte von einem schmalen weißen Band begrenzt. Am Nacken fällt ein dunkelblaues Band auf, dessen Schwarzanteil und Breite ebenfalls bei der Geschlechtsbestimmung hilfreich sind. Vom Schnabelansatz zieht sich ein schmaler schwarzer Augenstreif bis zum Nackenband. Die Wangen sind weiß und vorne durch einen kleinen schwarzen Kehlfleck begrenzt. Dieser weist nach der postnuptialen Mauser im Herbst manchmal weiße Federspitzen auf, die sich jedoch schon bald abnutzen. Brustwärts begrenzt ein schwarzblauer Halsring die weißen Wangen. Dieser wird zum Rücken hin breiter und geht direkt in das Nackenband über. Rückenwärts schließt ein weißlicher Nackenfleck an, dessen Farbtönung ins Bläuliche oder Grünliche tendieren kann und der manchmal recht undeutlich ausgeprägt ist. Rücken und

Schultern sind dumpf grünlich; der jeweilige Farbton variiert zwischen einzelnen Populationen (HARRAP & QUINN 1996). Der Bürzel ist graublau und geht fließend in die Oberschwanzdecken über. Manche Federn der Oberschwanzdecken haben einen weißlichen oder grünlichen Rand und sind in der Mitte heller. Der Schwanz besteht aus zwölf hellblauen Steuerfedern, die am Schaft in der Regel sehr dunkel, fast schwärzlich gefärbt sind. Die fünfte Steuerfeder hat einen feinen weißen Saum, die sechste einen deutlicheren weißlichen Rand an der Außenfahne (BROWN et al. 1993). Brust, Flanken und Bauchseiten präsentieren sich in leuchtendem Gelb, dessen Färbungsintensität individuell sehr stark variieren kann und möglicherweise mit den Ernährungsbedingungen während der Federbildung korreliert ist (NEUB 1977). Nach hinten hin wird das Bauchgefieder blasser; in der Bauchmitte ist es zumeist gelblich weiß, gegen die Unterschwanzdecken hin jedoch wieder stärker gelb. In der Mitte der Unterseite kann man einen schwärzlichen Längsstrich finden, der aber nicht immer und nicht bei allen Individuen gut zu erkennen ist. Besonders bei Erregung erscheint er deutlicher. Die mittleren Bauchfedern sind nämlich an den Spitzen hell und nur gegen ihre Basis hin schwarzgrau gefärbt. Da im Erregungszustand die Bauchfedern gesträubt werden, treten die dunkleren Teile stärker zu Tage (GLUTZ & BAUER 1993). Einen ähnlichen Effekt hat die Abnutzung des Gefieders, sodass der Bauchstreifen zwischen April und August oft besser zu sehen ist (PERRINS 1979). Der Flügel erscheint im Feld weitgehend blau mit einer weißen Flügelbinde. Im Detail betrachtet sind die einzelnen Federn mehrfarbig. Die Hand- und Armschwingen haben stets eine hellblaue Außen- und eine dunkler graublaue Innenfahne. Die Außenfahnen der Handschwingen 5 bis 8 sind im apikalen Teil von ¼ – ½ der Federlänge eingekerbt und in diesem Bereich weiß (vgl. Fig. 435 in JENNI & WINKLER 1994). Die Spitzen der Armschwingen haben eine deutliche, jene der Handschwingen 1 und 2 eine kleine weiße Spitze. Die Außenfahnen der Armschwingen lassen teilweise einen gelblichen Rand erkennen (GLUTZ & BAUER 1993). Arm- und Handdecken sind an der Außenfahne hellblau. Die Armdecken haben deutliche weiße Spitzen, die beim geschlossenen Flügel die Flügelbinde bilden. Die Außenfahnen von Alula und Carpaldecke sind ebenfalls blau und zeigen kleine weißliche Spitzen. An den Spitzen der Handdecken ist lediglich ein schwacher weißlicher Saum ausgeprägt, der sich im Laufe einer Saison abnutzen oder gar völlig verschwinden kann. Die Mittleren und Randdecken sind leuchtend hellblau, die Deckfedern auf der Flügelunterseite dagegen weiß.

Neben der oben beschriebenen Färbung weist das Gefieder adulter Blaumeisen eine zusätzliche Musterung auf, die nur im UV-Bereich sichtbar ist und dem »unbewaffneten« menschlichen Auge damit verborgen bleibt (HUNT et al. 1998). Neuere Untersuchungen belegen, dass Blaumeisen in der Lage sind, dieses Muster zu sehen (HART et al. 2000) und bei der Partnerwahl Tiere mit auffälligem Muster im UV-Bereich bevorzugen (HUNT et al. 1999).

Dieses UV-Muster könnte einer der Gründe dafür sein, dass aberrant gefärbte Blaumeisen nur äußerst selten auftreten (vgl. bereits NAUMANN 1824). Eine umfassende Auflistung aller festgestellten Farbvariationen geben GLUTZ & BAUER (1993). Am regelmäßigsten kommen teilalbinotische und leuzistische Blaumeisen vor (neuere Übersichten in BREHME 2002, THIEDE 2002). Besonders ungewöhnliche Farbvarianten von drei Individuen beschreibt TAUCHNITZ (2002): Das Blau im Kopfbereich fehlte diesen Tieren völlig; ihr Gefieder erschien im Gesamteindruck generell bräunlich. Die Tiere wurden in einem Tagebaurestloch am Stadtrand von Halle an der Saale gefangen, in dessen Nähe bis vor zwanzig Jahren Chemieabfälle entsorgt wurden. THIEDE (2002) schließt die beschriebenen Farbabweichungen als Folge von Umweltschäden nicht aus.

4.1.2 Geschlechtsbestimmung

Breite und Färbung des Halsbandes sowie die Farbintensität der blauen Kopfplatte sind sekundäre Geschlechtsmerkmale, die zur Unterscheidung von Männchen und Weibchen herangezogen werden können.

Durch diese Merkmale lassen sich jedoch nicht alle Individuen eindeutig zuordnen (vgl. SVENSSON 1992, GLUTZ & BAUER 1993). Manche Männchen sind sehr blass gefärbt, während Weibchen unter bestimmten Bedingungen (z.B. optimaler Ernährung) beinahe die Färbungsintensität der Männchen erreichen. Innerhalb eines Brutpaares ist die Unterscheidung jedoch in fast allen Fällen auch am Gefieder möglich und für die Feldarbeit sehr hilfreich, da sie eine Geschlechtserkennung auch in Situationen erlaubt, in denen Farbringe und andere individuelle Markierungen nicht erkennbar sind (vgl. FÖGER 1991).

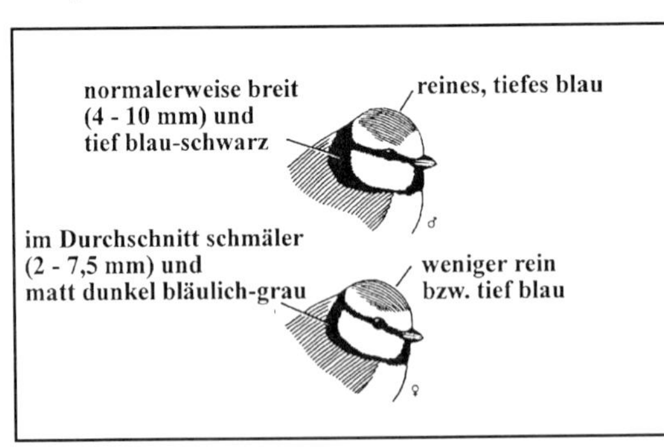

Abb. 2: Köpfe von Blaumeisen, oben Männchen, unten Weibchen. Die sekundären Geschlechtsmerkmale der Befiederung sind gekennzeichnet. Nach SVENSSON 1992.

Bei den Unterarten der *teneriffae*-Gruppe sind die Unterschiede zwischen Männchen und Weibchen deutlich geringer ausgeprägt; die Geschlechter sind daher auf diese Weise kaum zu bestimmen.

4.1.3 Maße und Gewichte

Eine Übersicht der wichtigsten Körpermaße adulter Blaumeisen der Unterart *P. c. caeruleus* ist in Tab. 2 zusammengestellt. Im Mittel sind Männchen signifikant größer als Weibchen, es gibt jedoch einen Überlappungsbereich.

Tab. 2: Maße [mm] adulter Blaumeisen der Nominatform *caeruleus* (nach CRAMP & PERRINS 1993). (Mw = Mittelwert).

	Männchen				Weibchen			
	n	min	max	Mw	n	min	max	Mw
Flügel	129	65	71	67,5	90	62	67	65,0
Schwanz	62	49	54	51,5	39	47	52	49,6
Schnabel – Schädel	37	8,4	9,6	9,1	36	8,6	9,7	9,0
Schnabel – Hautansatz	25	6,1	6,7	6,5	24	5,9	6,6	6,4
Tarsus	34	16,5	17,8	17,6	33	16,3	17,5	16,8

Zwischen den verschiedenen Unterarten bestehen teilweise beträchtliche Unterschiede in der Größe. Als Maß für die Körpergröße bietet sich vor allem die Flügellänge an, da sie mit wesentlich stärker standardisierter Methodik und geringerem Messfehler ermittelt werden kann. Eine Übersicht gibt Tab. 3.

Die Tiere aus West-, Mittel- und Nordeuropa sind im Mittel größer als ihre mediterranen Verwandten. Südostwärts besteht wiederum eine Tendenz zu längeren Flügeln, v. a. bei den Unterarten aus dem Mittleren Osten. Neben den Unterschieden zwischen den Unterarten nimmt die Flügellänge auch innerhalb der Nominatform von Nordosten nach Südwesten hin ab. Die Vertreter der *teneriffae*-Gruppe haben generell eher längere Flügel.

Die Körpermasse der Blaumeise unterliegt starken jahreszeitlichen Schwankungen (siehe auch Kap. 8.3.1). Am schwersten sind Weibchen kurz vor der Eiablage bzw. beide Geschlechter im Frühwinter. Im Durchschnitt sind Männchen signifikant schwerer als Weibchen (Tab. 4). Tiere aus Skandinavien wiegen ebenfalls deutlich mehr als mitteleuropäische. Die leichtesten Blaumeisen treten im Mittleren Osten und auf den Kanarischen Inseln auf.

Tab. 3: Flügellängen [mm] verschiedener Unterarten der Blaumeise. Quellen: 1 – CRAMP & PERRINS (1993); 2 – BURGESS (1982) in CRAMP & PERRINS (1993); 3 – FLEGG & COX (1977); 4 – BEZZEL (1957) in CRAMP & PERRINS (1993); 5 – HARTERT (1921/22); 6 – VAURIE (1950).

Unterart	Männchen				Weibchen				Quelle
	n	min	max	Mw	n	min	max	Mw	
caeruleus	129	65	71	67,5	90	62	67	65,0	1
obscurus	87	64	72	66,9	50	60	66	63,6	2
	32	63	67	64,9	15	59	63	61,3	1
	14	64	69	65,3	21	59	64	62,5	3
ogliastrae	17	59	64	61,5	8	57	60	59,0	4
	10	61	66	63,5	4	60	61	60,8	1
balearicus	–	61	70	–	–	64	68	–	5
calamensis	8	61	67	63,4	5	58	64	60,5	1
orientalis	10	68	71	69,2	6	66	69	67,0	1
satunini	10	64	70	67,0	10	63	68	65,4	6
raddei	10	62	69	65,2	6	59	65	62,2	1
persicus	35	62	68	65,8	12	62	65	63,6	1
ultramarinus	16	62	66	64,6	17	58	63	60,4	1
cyrenaicae	5	56	61	58,4	5	–	–	56,4	1
degener	58	–	–	61,0	27	–	–	58,6	1
teneriffae	120	–	–	62,4	71	–	–	60,0	1
ombriosus	49	–	–	62,9	39	–	–	59,9	1
palmensis	36	–	–	61,4	20	–	–	57,8	1

Tab. 4: Massen [g] einiger Unterarten aus verschiedenen Gebieten. Quellen: 1 – MAGNUSSON in CRAMP & PERRINS (1993, Okt. bis Apr.); 2 – CRAMP & PERRINS (1993, Okt. bis Apr.); 3 – ECK (1988, Okt. bis Mai); 4 – DOLGUSHIN et al. (1972, Juli bis Okt.) in CRAMP & PERRINS (1993); 5 – PALUDAN (1938, April bis Mai) in CRAMP & PERRINS (1993); 6 – GRANT (1979, –).

Unterart Gebiet	Männchen				Weibchen				Quelle
	n	min	max	Mw	n	min	max	Mw	
caeruleus									
Finnland	145	–	–	12,1	64	–	13,8	11,4	1
Niederlande	32	9,5	12,5	11,0	36	9,1	12,6	10,7	2
Ostdeutschland	18	9,4	13,2	11,5	13	9,5	13,0	11,0	3
orientalis									
Kasachstan	4	10,7	12,3	11,6	2	11,0	11,7	11,4	4
persicus									
Iran	4	8,4	10,0	9,4	–	–	–	–	5
ultramarinus									
Algerien	5	–	–	10,9	3	–	–	10,5	6

4.1.4 Lautäußerungen

Die Blaumeise zeigt unterschiedlichste Arten der Vokalisation, die in verschiedenem sozialem Kontext geäußert werden. Im Gegensatz zu anderen Vogelgattungen ist der Reviergesang von Meisen im Grundaufbau sehr ähnlich. Bei elf untersuchten Arten, darunter auch die Blaumeise, fand THIELCKE (1968), dass innerhalb einer Strophe 1 bis 15 Elemente wiederholt werden. Der typische Reviergesang beginnt mit 2 bis 3 hohen um 8 kHz liegenden, sehr ähnlichen Lauten, die meist mit »zizi« transkribiert werden. Ihnen folgt ein Triller in einer etwas tieferen Tonlage, der aus 5 bis 15 (THIELCKE 1968), in Ausnahmefällen gar 25 (GLUTZ & BAUER 1993) Elementen besteht. Diese Strophenteile sind im Vergleich zu jenen anderer Meisen ziemlich gleichförmig und damit sehr charakteristisch für den Blaumeisengesang. Neben diesem zweiphrasigen Gesang tritt auch eine dreiphrasige Strophe auf, bei der zwischen der Einleitung und dem Triller wenige, aber vielgestaltige Elemente eingeschaltet werden. Manchmal werden auch mehrere Strophen unmittelbar aneinander gereiht. Durch Modulation einzelner Elemente ergeben sich weitere Variationsmöglichkeiten; so stellte etwa THIELCKE (1968) an 16 Männchen 28 verschiedene Strophentypen fest. Jedes Männchen verfügt über 3 bis 8 Strophentypen (HARRAP & QUINN 1996). Auch bei Weibchen tritt gelegentlich Reviergesang auf, etwa wenn sie in territoriale Auseinandersetzungen verwickelt werden (GLUTZ & BAUER 1993) oder wenn ein Männchen ein fremdes Weibchen anbalzt (HINDE 1952). Nach GLUTZ & BAUER (1993) kommen Imitationen sehr selten oder gar nicht vor, denn die einzigen Angaben hierüber konnten nicht bestätigt werden.

Generell tritt der typische Triller des mittel- und nordeuropäischen Blaumeisengesanges im Mittelmeerraum seltener auf. Dies scheint jedoch nicht durch Umweltfaktoren bedingt zu sein, sondern durch die Siedlungsdichte der Kohlmeise, die in den nördlicheren Breiten einen starken Konkurrenten um verschiedene Ressourcen darstellt (DOUTRELANT & LAMBRECHTS 2001). DOUTRELANT et al. (2000) konnten mithilfe von Play-back-Experimenten zeigen, dass Kohlmeisen auf Blaumeisenreviergesang ohne Triller gleich stark reagieren wie auf arteigenen Gesang. Diese Ergebnisse zeigen erstmals, dass interspezifischer Wettbewerb eine wichtige Rolle in der großräumigen Variation von Vogelgesängen spielen könnte. Weitere Untersuchungen zu diesem Themenkomplex erscheinen sehr vielversprechend.

Der Reviergesang der *teneriffae*-Unterartengruppe unterscheidet sich sehr stark von jenem der Nominatform. Er enthält keine phrasierten Strophen, dafür aber mehr Elemente in größerer Variabilität (SCHOTTLER 1993, 1995). Der Gesang weicht so stark ab, dass mitteleuropäische Blaumeisen auf Strophen aus Teneriffa nicht reagieren (BECKER et al. 1980). Die Populationen von Korsika (DOUTRELANT et al. 2001) und Mallorca singen teilweise ähnlich den nordafrikanischen; der Triller kann auch bei ihnen fehlen.

Unter den Alarmrufen sind zwei verschiedene Typen klar zu unterscheiden: Der Luftfeindalarm gegenüber fliegenden Greifvögeln ist ein sehr hohes, lang gezogenes »ii«, das mehrfach wiederholt werden kann und dem in der selben Situation geäußerten Warnruf anderer Singvögel sehr ähnlich ist. Schon MARLER (1956, 1957) hat auf diese große Ähnlichkeit hingewiesen und führt sie auf die schwere Lokalisierbarkeit derartiger Laute zurück. KLUMP & CURIO (1983) bzw. KLUMP et al. (1986) konnten zudem zeigen, dass dieser Ruf von einem vorbei fliegenden Sperber *Accipiter nisus* nicht wahrgenommen wird. Der zweite Alarmlaut, der bei starker Erregung, bei territorialen Auseinandersetzungen, beim Annähern potentieller Bodenfeinde und beim Hassen auf sitzende Greifvögel und Eulen ausgestoßen wird, ist die so genannte Zeterstrophe. Dieser Laut ist dem vergleichbaren Warnruf einiger anderer Meisen und nicht näher verwandter Singvögel, z.B. Drosseln, recht ähnlich (THIELCKE 1968), zeigt jedoch keine derartig ausgeprägte interspezifische Übereinstimmung wie der Luftfeindalarm. Wahrscheinlich werden dennoch beide Warnruftypen interspezifisch verstanden (LÖHRL mündl. Mitt.).

Zusätzlich umfasst das Repertoire etliche weitere Rufe, die teilweise nur in ausgewähltem sozialem Kontext zu hören sind. So wird etwa eine leise wechselseitige Lautäußerung von Männchen und Weibchen als Paarungsaufforderung gedeutet (GLUTZ & BAUER 1993). Leise »sisisisi...«-Rufe treten bei schwächerer Erregung in verschiedenen Zusammenhängen auf, z.B. bei interspezifischen Auseinandersetzungen, bei Konflikten im Brutgeschehen, insbesondere in der Schlüpf- und frühen Nestlingsphase (FÖGER 1991). Bei der Fütterung von Nestlingen lassen beide Geschlechter einen Lockruf hören, der mitunter zwei- bis fünfsilbig gereiht wird.

Die Rufe der *teneriffae*-Gruppe ähneln zum Teil jenen der Nominatform, besonders Rufe in Partner- und anderen Sozialkontakten weichen jedoch beträchtlich ab (SCHOTTLER & MARTENS 1992, SCHOTTLER 1993).

4.2 Jungvögel

Im Laufe ihrer Nestlingsentwicklung verändert sich das Aussehen der Jungvögel sehr stark. Zum Zeitpunkt des Schlupfes sind sie fast nackt und entwickeln bis zum Ausfliegen ein vollständiges Federkleid, das jedoch von jenem der Adulten deutlich abweicht. Der Sperrrachen der Nestlinge ist orange bis matt orangerot. Die Randwülste, die auch noch bei den Flügglingen deutlich zu sehen sind, präsentieren sich matt gelb.

4.2.1 Gefieder

Beim Schlupf erscheinen junge Blaumeisen zunächst nackt, erst nach etwa einer Stunde sind die wenigen weißlich grauen Dunen an Kopf und Schultern deutlich zu erkennen. Im Lauf der Nestlingszeit entwickelt sich das Jugendgefieder (siehe Kap. 7.7.2), das die Tiere beim Ausfliegen tragen. Es erinnert bereits an das Federkleid der Altvögel, weicht jedoch in einigen Partien farblich deutlich ab. Die später weißen Teile des Kopfgefieders sind blass gelb, Scheitel, Nacken und Oberseite grünlich grau. Der Nackenfleck erscheint ebenfalls gelb, ist allerdings wie bei Adulten nicht immer deutlich ausgeprägt. Der dunkle Augenstreif ist bereits vorhanden; rund um das Auge liegen weißliche Federchen, die von GLUTZ & BAUER (1993) als Brille bezeichnet werden. Der schwarze Kehlfleck ist noch nicht ausgebildet; die gesamte Unterseite zeigt sich ähnlich wie der Kopfbereich blass gelb. Im Brust-Bauchbereich gibt es ebenfalls keinen schwarzen Streifen. Die Flügeldecken tendieren ins Grünliche, die weißliche Flügelbinde ist bereits vorhanden. Seiner Struktur nach wirkt das Jugendgefieder flauschiger als jenes der Adulten. Nach der Jugendmauser zwischen Mitte Juli und Mitte Oktober des ersten Lebensjahres ähnelt das Gefieder bereits stark jenem vermauserter Altvögel, es bleiben jedoch Teile des Großgefieders bis zur postnuptialen Mauser nach der ersten Brutsaison erhalten. GLUTZ & BAUER (1993) merken an, dass ältere Männchen häufig kräftiger und leuchtender gefärbt sind als solche im ersten Jahreskleid.

4.2.2 Lautentwicklung

Kleine Nestlinge äußern einen zarten, fast zirpenden Bettellaut, der mit dem Wachstum an Intensität zunimmt und nach etwa zwei Wochen zu einem weithin hörbaren »Zezezeze...« anschwillt. Er erinnert an jenen junger Kohlmeisen, doch bereits GOMPERTZ (1961) wies auf wesentliche, auch für den Menschen hörbare Unterschiede hin. Diese wurden durch spätere sonagraphische Untersuchungen belegt (BIJNENS & DHONDT 1984). Ganz ähnliche Bettellaute äußern auch Weibchen als Aufforderung zum Balzfüttern. Flügge Jungvögel lassen weiterhin einen vergleichbaren Bettellaut hören. Daneben äußern sie auch einen speziellen Standortlaut, der den fütternden Altvögeln das Zusammenhalten der Flügglinge erleichtert. In der Phase des Selbständigwerdens ab etwa zwei Wochen nach dem Ausfliegen gehen die Bettelrufe in ein leises Trillern über, das dem schwachen Erregungslaut der Adulten nahe kommt (PERRINS 1979). Neben den Bettel- und Kontaktlauten stoßen Jungvögel ab dem 11./12. Lebenstag bei Bedrohung zischende Laute aus (vgl. Kap. 7.7.2).

4.3 Altersbestimmung

Die Unterscheidung von Blaumeisen im ersten Lebensjahr gegenüber älteren Individuen ist vergleichsweise einfach, da zwischen den von der Jugendmauser erfassten Armdecken und den im ersten Jahreskleid noch jugendlichen Handdecken ein deutlicher Farbunterschied besteht. Während die neuen Armdecken die typische Blaufärbung zeigen, präsentieren sich die Handdecken in mehr grünlich grauen Farbtönen. Die genaue Ausdehnung der postjuvenilen Mauser ist regional und zwischen den Saisonen relativ variabel, in der Regel bei Weibchen geringer als bei Männchen. Die umfassendsten Angaben dazu finden sich bei JENNI & WINKLER (1994): Die Kleinen und Mittleren Armdecken werden demnach vollständig vermausert, die Großen Armdecken zu 94,1% (mindestens 5, maximal alle 10 Federn). 96,1 % der untersuchten Vögel zeigen Federwechsel im Bereich der Karpaldecken bzw. der Alula. In Einzelfällen werden in der Jugendmauser auch schon Armschwingen ersetzt. Die Ausdehnung der Jugendmauser scheint in England geringer zu sein als in Kontinentaleuropa, während sie bei mediterranen Blaumeisen umfassender ausfällt (CRAMP & PERRINS 1993). Auch das Alter der mausernden Jungvögel dürfte sich auf die Intensität des Federwechsels auswirken. Nach RYMKEVICH (1990, in JENNI & WINKLER 1994) mausern früh geschlüpfte stärker als Nestlinge später Bruten. Unterschiede zwischen den Jahren wurden in der Schweiz (JENNI & WINKLER 1994), in Großbritannien (SPENCER & MEAD 1978) und in Deutschland (REITH & SCHMIDT 1987) festgestellt. Bis Mitte Oktober können diesjährige Vögel auch an der noch unvollständigen Verknöcherung des Schädels erkannt werden (JENNI & WINKLER 1994).

5 Lebensraum und Siedlungsbiologie

5.1 Lebensräume

Entsprechend ihrer sehr weiten Verbreitung besiedeln Blaumeisen eine Fülle von Lebensräumen. Zwischen den verschiedenen geografischen Regionen treten dabei beträchtliche Unterschiede auf. Die folgenden Ausführungen beziehen sich durchwegs auf die Brutsaison; außerhalb der Fortpflanzungsperiode ist die Habitatspezifität deutlich herabgesetzt. Sind günstige Nahrungsquellen vorhanden, suchen die Vögel dann sogar baumfreies Gelände wie Schilfröhricht, Weideflächen oder exponierte Küstenklippen auf (Cramp & Perrins 1993).

5.1.1 Mittel- und Südeuropa

Höchste Siedlungsdichten (vgl. Kap. 5.3) und Bruterfolge erreichen mitteleuropäische Blaumeisen in eichenreichen Laub- und Laubmischwäldern (Glutz & Bauer 1993). Dieser optimale Lebensraum kann in unterschiedlicher Weise ausgeprägt sein. Selten und in diesen Fällen häufig nur mehr an Reliktstandorten gedeihen reine Eichenwälder. Diese sind jedoch auch bei geringer Flächenausdehnung sehr attraktiv und weisen überdurchschnittlich hohe Brutpaarzahlen auf (Saurer & Föger unpubl.). Wesentlich großflächiger verbreitet sind die verschiedenen Typen der Eichen-Hainbuchenmischwälder, die den Vögeln ebenfalls günstige Lebensbedingungen bieten. Ähnlich bedeutsam sind Bereiche der Hartholzaue mit hohem Eichenanteil. Etwas ungünstiger, aber immer noch recht dicht besiedelt sind Buchen- und Buchenmischwälder (Glutz 1962, Löhrl 1976, Perrins 1979). In Nadelmischwäldern ist die Anzahl der Blaumeisenreviere stark vom Vorhandensein einzelner Laubbäume abhängig. Perrins (1979) beschreibt, dass rund um eingestreute Laubbäume mitunter mehrere Reviere liegen. In reinen Nadelwäldern fehlt die Blaumeise oder besiedelt allenfalls die Waldränder (Perrins 1979, Dvorak et al. 1993). In den Alpen werden ab der montanen Höhenstufe auch Wälder mit vergleichsweise hohem Laubholzanteil wie etwa

Tannen-Buchenwälder weitgehend gemieden (GLUTZ & BAUER 1993). Eine ähnliche Einengung des Lebensraumspektrums zeigen Blaumeisenpopulationen an der Nordgrenze der skandinavischen Verbreitung. Bruten kommen hier hauptsächlich an laubholzbestandenen Waldrändern vor (SNOW 1954).

Neben Wäldern besiedelt die Blaumeise auch zahlreiche unterschiedliche Arten von stärker anthropogen beeinflussten Lebensräumen. Dazu zählen etwa halb offene Kulturlandschaften mit eingestreuten Bäumen und Heckenzügen, Streuobstwiesen und verschiedenste Grünanlagen im menschlichen Sieldungsraum. Dabei benötigt sie zwar eine größere Anzahl alter Bäume als die nahe verwandte Kohlmeise (DVORAK et al. 1993), scheint jedoch an die Nutzung der vorhandenen Nahrungsressourcen besser angepasst als die größere Schwesterart (COWIE & HINSLEY 1987), da sie die unregelmäßig verbreitete Beute effizienter nutzt.

In den südlichen Teilen Mitteleuropas nehmen die Lebensraumansprüche allmählich ab (vgl. FARGALLO & JOHNSTON 1997). So werden etwa in den Südalpen hoch gelegene Lärchenwälder (*Larix decidua*) besiedelt (z.B. im Mercantour bzw. Alpes Maritimes; CRAMP & PERRINS 1993). In Deutschland hingegen meidet die Art natürliche Lärchenbestände im Bergland und kommt lediglich in Aufforstungen der Tieflagen in geringer Dichte vor (WINKEL 1985).

Im Mittelmeerraum brütet die Blaumeise in verschiedenen Laubwaldgesellschaften, wobei starke Unterschiede zwischen sommer- und immergrünen Wäldern bestehen. Die Nahrungssituation ist in ersteren deutlich günstiger (BLONDEL et al. 1991, 1992, BAŃBURA et al. 1994, DIAS & BLONDEL 1996) und erlaubt größere Gelege bzw. einen früheren Legebeginn (vgl. Kap. 7.3.4 und 7.3.5). Auf Korsika und Sardinien besiedelt *Parus c. ogliastrae* neben Wäldern verstärkt auch die niedrige Strauchvegetation der Macchie (MARTIN 1984).

5.1.2 Mittlerer Osten

In den kleinflächigen Verbreitungsgebieten des Mittleren Ostens spielen Eichenwälder ebenfalls eine große Rolle. Allerdings treten die hier vorkommenden Unterarten regelmäßig in Nadelwäldern auf. Nach HARRAP & QUINN (1996) bewohnen diese im Norden von Jordanien Kiefernwälder, in Nordwestsyrien Zedernbestände. In den östlichen trockeneren Regionen stellen flussbegleitende Gehölze und anthropogen geprägte Gebiete, vor allem im Siedlungsraum, die wichtigsten Habitate dar. In höheren Lagen der Gebirgsketten des Iran, insbesondere im Zagrosgebirge bilden wiederum Eichenwälder den optimalen Lebensraum.

5.1.3 Nordafrika

Die Lebensräume der afrikanischen Blaumeisen unterscheiden sich zum Großteil erheblich von jenen ihrer eurasischen Verwandten. In ihrem sehr kleinen Verbreitungsgebiet (siehe Kap. 3.3.2) besiedelt die Unterart *P. c. cyrenaicae* montane Nadelwälder, in denen Wacholder, Zypressen und Kiefern dominieren.

Das Lebensraumspektrum der weit verbreiteten *P. c. ultramarinus* umfasst neben den typischen Eichenwäldern auch sehr trockene Habitate, die von den Vertretern der *caeruleus*-Unterartengruppe im europäischen Mittelmeerraum eher gemieden werden. Dabei handelt es sich etwa um Macchiendickichte, Olivenhaine oder gar Palmenoasen am Nordrand der Sahara (HEIM DE BALSAC & MAYAUD 1962). Auch in den Bergen, insbesondere in den Ketten des marokkanischen Atlas, zeigen sich deutlich andere Ansprüche als in europäischen Gebirgen. Die Blaumeise zählt hier zu den Charakterarten der Atlaszedernwälder (*Cedrus atlantica*) und kommt teilweise syntop (in einem gemeinsamen Lebensraum) mit der Tannenmeise vor. Im Hohen Atlas können die Tiere auch in Gehölzen aus *Juniperus thurifera*, im Saharaatlas aus Phönizischem (*J. phoenicea*) und Stech-Wacholder *J. oxycedrus* auftreten.

5.1.4 Sonderfall Kanarische Inseln

Die Kanarischen Inseln stellen Blaumeisen vor völlig andere Anforderungen als ihre kontinentalen Verbreitungsgebiete. Die generell stark bevorzugten Eichen kommen auf diesem atlantischen Archipel überhaupt nicht vor. Andererseits genießt die Art den Vorteil, dass es keine andere Meise geschafft hat, die Inseln zu kolonisieren. Diese fehlende Konkurrenz hatte mit großer Wahrscheinlichkeit weit reichende Folgen, die neben der Habitatwahl auch die Verhaltensbiologie der Kanaren-Unterarten betreffen (siehe entsprechende Hinweise in den jeweiligen Kapiteln). Im Bezug auf die Habitatwahl zeigen Blaumeisen eine deutliche Nischenaufweitung, wie sie auch für andere Inselarten beschrieben wurde (MACARTHUR & WILSON 1967, MACARTHUR 1972, BLONDEL et al. 1988).

Auf den östlichen Inseln Lanzarote und Fuerteventura besiedelt *P. c. degener* vorwiegend Palmenhaine und von Tamarisken gebildete Gehölze. Die Unterarten der zentralen und westlichen Inseln Gran Canaria, Teneriffa, La Gomera, La Palma und El Hierro bevorzugen montane Wälder der Kanarenkiefer (*Pinus canariensis*) und die immergrünen Lorbeerwälder der Inselnordseiten. Daneben kann man sie jedoch auch in verschiedensten anderen Habitaten antreffen. So brütet etwa *P. c. teneriffae* im wüstenhaften, äußerst ariden Trockenbusch im Süden Teneriffas. Bruthöhlen finden sich hier unter anderem in den stammsukkulenten Sprossen der Kanarenwolfsmilch (*Euphorbia canariensis*).

5.2 Höhenverbreitung

Generell ist die Blaumeise ein Vogel des Flachlandes und tiefer Lagen. Im Gebirge tritt sie dementsprechend ebenfalls in den Tälern wesentlich häufiger auf. Die Höhengrenze der Verbreitung ist dabei sehr unterschiedlich; in isolierten Höhenzügen verläuft sie wesentlich tiefer als in geschlossenen Massiven, wie etwa den Alpen. Während Blaumeisen z.B. im Harz nur bis 550 m vorkommen (ZANG 1982), liegen die höchsten Brutzeitbeobachtungen in der Schweiz bei etwa 1.700 m (GLUTZ 1962), in Österreich zwischen 1.300 und 1.550 m (DVORAK et al. 1993). Abb. 3 zeigt das Höhenverbreitungsmuster der Beobachtungen in Österreich, das repräsentativ für die Regionen zwischen Alpennordrand und Alpenhauptkamm ist (vgl. auch SCHMID et al. 1998). Im Süden steigen die Tiere höher; so brüten sie etwa in den französischen Südalpen regelmäßig um 1.700 m, in den Pyrenäen um 1.800 m (HAGEMEIJER & BLAIR 1997). Außergewöhnlich sind Brutvorkommen an der Waldgrenze bis 3.500 m Seehöhe im Kaukasus (CRAMP & PERRINS 1993, HARRAP & QUINN 1996). Auf den Kanarischen Inseln steigt *Parus c. teneriffae* ebenfalls bis zur Grenze der Kiefernwälder auf (höchste eigene Beobachtungen um 2.000 m). Beim Vergleich langzeitlicher Beobachtungsdaten zeigt sich in den Alpen und den Deutschen Mittelgebirgen der Trend, dass sich die Verbreitungsgrenze nach oben verschiebt. MÖCKEL (1990, in GLUTZ & BAUER 1993) beschreibt für das Erzgebirge eine deutliche Zunahme in der Höhenstufe über 650 m, wo die Blaumeise bis 1980 fehlte. Dies könnte in den Alpen auf die globale Erwärmung, in den Mittelgebirgen auch auf Lebensraumveränderungen durch das Waldsterben zurückzuführen sein. Blaumeisen sind für derartige Entwicklungen ideale Bioindikatoren und verdienen in dieser Hinsicht mehr Beachtung.

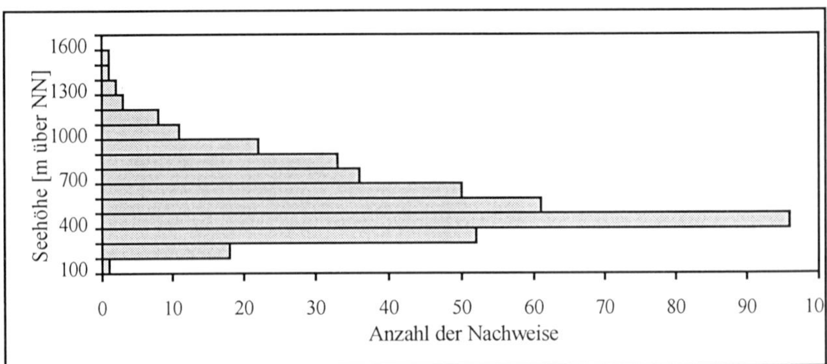

Abb. 3: Höhenverteilung von Kartierungsdaten der Blaumeise in Österreich. Nach DVORAK et al. (1993).

5.3 Siedlungsdichte

Daten zur Siedlungsdichte der Blaumeise wurden bereits in den unterschiedlichsten Lebensräumen und zu verschiedensten Zwecken (z.B. Untersuchungen zur Biologie der Art, Höhlenbrütermonitoring, Kartierungen der gesamten Brutvogelfauna) erhoben. Die auf unterschiedlichem Weg gewonnenen Befunde lassen sich oft nur schwer vergleichen (vgl. BIBBY et al. 1992). Werden etwa Daten aus kleinflächigen Untersuchungen hochgerechnet ergeben sich extrem hohe Siedlungsdichten (z.B. in CRAMP & PERRINS 1993). Um die Variationsbreite der Siedlungsdichte aufzuzeigen haben wir in Tab. 5 verschiedene Ergebnisse aus Österreich zusammengestellt. Dabei zeigt sich, dass die höchsten Dichten in Laubwäldern und Parkanlagen mit Laubwaldresten erreicht werden. Demgegenüber fällt die Brutpaarzahl im menschlichen Siedlungsraum stark ab, was zum Teil auf die erhebliche Konkurrenz durch die Kohlmeise zurückzuführen sein dürfte (LÖHRL 1990). Die geringsten Werte wurden in nadelholzreichen Mischwäldern ermittelt. Ähnliche Lebensraum-Siedlungsdichte-Beziehungen ergeben sich auch für Deutschland bzw. Osteuropa (vgl. Zusammenstellung in GLUTZ & BAUER 1993) und die Britischen Inseln (CRAMP & PERRINS 1993).

Tab. 5: Ausgewählte Siedlungsdichten der Blaumeise in Österreich. Quellen: 1 – SCHNEIDER (1981); 2 – DVORAK et al. (1993); 3 – WINDING & STEINER (1988); 4 – WINDING (1974); 5 – LANDMANN (1987); 6 – LAUERMANN (1976); 7 – KILZER & BLUM (1991); 8 – SAURER & FÖGER (unpubl.).

Gebiet	Lebensraum	Siedlungsdichte [Brutpaare/10 ha]	Quelle
Wien, Prater	Park, Auwaldrest	18,5	1
Westrand Wien	Eichenwald	17,0	2
Donauau östl. Wien	Auwald	5,4 – 9,8	3
Salzburg, Stadt	Parkanlagen, Gärten	5,9	4
Innsbruck	Parkanlagen, Gärten	5,5 – 6,3	5
Waldviertel	nadelholzdominierter Mischwald	1,1	6
Inntal	Gärten, Montanstufe	2,3	5
Bregenz	Eichenmischwald	7,5	7
Oberinntal	Relikt-Eichenwald	14,3	8

Unabhängig von der sehr variablen Siedlungsdichte sind Blaumeisenreviere im Mittel immer gleich groß. Bei hohen Brutpaarzahlen werden die Reviere nicht kleiner, sondern sie grenzen unmittelbar aneinander. Ihre Größe liegt zwischen 0,16 und 0,84 ha (HINDE 1952, NEUB 1977, DHONDT et al. 1982).

Abb. 4: Lebensraum von *Parus c. caeruleus* in Hessen (reiner Buchenbestand). Foto: K. PEGORARO u. M. FÖGER.

Abb. 5: Lebensraum von *Parus c. degener* auf Lanzarote (bei Haria). Foto: K. PEGORARO u. M. FÖGER.

Abb. 6: Lebensraum von *Parus c. teneriffae* auf Gran Canaria (Trockenwald). Foto: K. PEGORARO u. M. FÖGER.

6 Ernährung

In ihren Grundzügen gleicht die Ernährungsweise der Blaumeise jener ihrer nahen Verwandten. In der Fortpflanzungsperiode und besonders während der Jungenaufzucht dominiert tierische Nahrung, vor allem verschiedenste Insekten und Spinnen. Im Herbst- und Winterhalbjahr gewinnt pflanzliche Kost (Samen und Früchte) an Bedeutung.

6.1 Nahrungsspektrum der Altvögel

Der Energiebedarf adulter Blaumeisen ist von der Umgebungstemperatur abhängig. Bei Versuchen in Freivolieren ermittelte GIBB (1957) einen durchschnittlichen winterlichen Tagesbedarf von 45,2 kJ. Im Sommer ist dieser Wert entsprechend den höheren Außentemperaturen wahrscheinlich um einiges tiefer. Den höchsten Energieverbrauch zeigen Eier produzierende bzw. brütende Weibchen (HAFTORN & REINERTSEN 1985). Unter Freilandbedingungen dürfte er generell etwas höher ausfallen als in Volierenexperimenten.

Die Stoffwechselrate (Energieverbrauch pro Gramm Körpergewicht) beträgt durchschnittlich 4,19 kJ. Dies entspricht dem Wert, der für die deutlich größere Kohlmeise ermittelt wurde, liegt jedoch unter der Rate der gleich großen Tannenmeise. Dies ist wahrscheinlich auf die unterschiedliche Aktivitätsintensität der beiden Arten zurückzuführen (PERRINS 1979).

Das Nahrungsspektrum der Altvögel ist eng mit jahreszeitlichen und stochastischen Schwankungen des Nahrungsangebots korreliert. Über die Ernährung der Adulten existiert ein umfangreiches Schrifttum; es wurde jedoch bei der Aufschlüsselung zumeist nur die Stückzahl der Beutetiere berücksichtigt, nicht jedoch ihre Größe bzw. ihr Energiegehalt. Die umfangreichste ganzjährige Studie erarbeitete BETTS (1955). Ihre Daten beziehen sich auf die Erwachsenennahrung verschiedener Meisenarten in einem englischen Eichenwald. Daraus gehen auch deutlich die bereits angesprochenen jahreszeitlichen Schwankungen hervor, die besonders bei den verschiedenen Entwicklungsstadien von Schmetterlingen auffallen (Abb. 7).

In England macht der tierische Anteil an der Nahrung im gesamten Jahresverlauf 79 % aus (CRAMP & PERRINS 1993). Dabei überwiegen sehr kleine Beutetiere unter 2 mm Länge (BETTS 1955, GIBB & BETTS 1963). Neben den besonders bedeutenden Schmetterlingen sind vor allem Hemipteren (insbesondere Blattläuse) eine ganzjährig wichtige Beute. Weiter tauchen in Nahrungsproben verschiedene Vertreter der Hautflügler, insbesondere Symphyten (Pflanzenwespen), und Käfer sehr regelmäßig auf. Für einen kurzen Zeitraum im Spätwinter spielen auch Larven von Dipteren (Fliegen und Mücken) eine große Rolle. Daneben wurden zahlreiche weitere Insektenordnungen als gelegentliche oder mengenmäßig weniger bedeutende Beutetiere identifiziert. Dazu zählen etwa Springschwänze, Staubläuse, Libellen, Heuschrecken, Ohrwürmer und Netzflügler. Neben Insekten werden auch Spinnen regelmäßig gefressen: 53 bis 100 % der Mageninhalte adulter Blaumeisen aus BETTS´ Studie enthielten Reste dieser Arthropodengruppe.

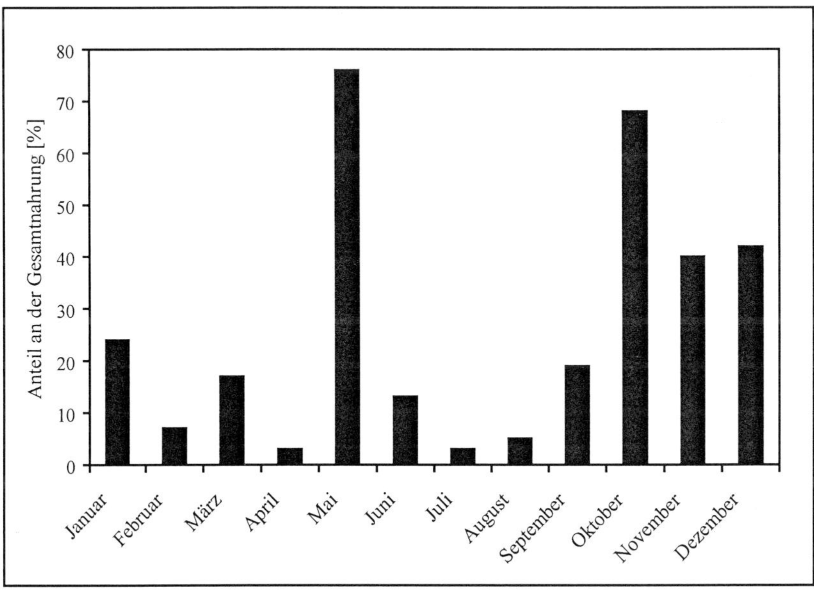

Abb. 7: Jahreszeitliche Schwankungen im Anteil verschiedener Entwicklungsstadien von Schmetterlingen an der Insektennahrung adulter Blaumeisen (nach Daten aus BETTS 1955).

Im Jahresschnitt beträgt der pflanzliche Anteil der Erwachsenennahrung etwa 20 %. In Buchenwäldern spielen während mancher Jahre die reichlich vorhandenen Bucheckern die Hauptrolle und können die Wintermortalität entscheidend beeinflussen (BETTS 1955, PERRINS 1979). Ansonsten werden auch andere Sämereien wie Eicheln, Edelkastanien, Samen verschiedenster weiterer Laub- und Nadelgehölze, von Knöterich, verschiedenen krautigen Pflanzen und sogar Getreide regelmäßig gefressen. Im Herbst tragen verschiedene

Abb. 8: Lebensraum von *Parus c. teneriffae* auf Teneriffa (Kanarenwolfsmilch). Foto: K. PEGORARO u. M. FÖGER.

Abb. 9: Lebensraum von *Parus c. teneriffae* auf Teneriffa (Kiefernwald). Foto: K. PEGORARO u. M. FÖGER.

Abb. 10: Lebensraum von *Parus c. teneriffae* auf Gran Canaria (Sukkulentenbusch). Foto: K. PEGORARO u. M. FÖGER.

Beeren wesentlich zum Erreichen des Höchstgewichtes im Frühwinter bei (zur energetischen Bedeutung der Frugivorie siehe auch BAIRLEIN 1996). GLUTZ & BAUER (1993) geben an, dass lokal bis zu 20 % der verkaufsfähigen Früchte von Süßkirschen, Birnen und Äpfeln von Blaumeisen angehackt werden.

Im Frühling fressen die Vögel häufig Blatt- und Blütenknospen. An den Kätzchen verschiedener Weidengewächse bevorzugen sie Pollen und Nektar (vgl. FITZ PATRICK 1994). Bei verschiedenen Pflanzen, etwa der Kaiserkrone (*Fritillaria imperialis*) und der Kanarenglockenblume (*Canarina canariensis*) kommen Blaumeisen sogar als Bestäuber in Frage (vgl. BÚRQUEZ 1992). Der im späteren Frühling häufig zu beobachtende Besuch an den Blüten verschiedener Ahorne dürfte allerdings weniger Pollen und Nektar gelten, als vielmehr den zahlreichen Raupen bestimmter Blattwespen, deren erste Stadien an diesen Blüten leben (SCHEDL mündl. Mitt.). Wiederholt wurde auch festgestellt, dass Blaumeisen austretende Baumsäfte an frischen Bruch- und Schnittstellen sowie an Ringelbäumen von Spechten lecken (GLUTZ & BAUER 1993).

Neben den angeführten Nahrungsbestandteilen fressen Blaumeisen, insbesondere im Winterhalbjahr, regelmäßig an künstlichen Futterstellen. So kann man sie häufig an Futterhäuschen beobachten. Die Bedeutung der Winterfütterung wird jedoch sehr unterschiedlich, zumeist eher negativ beurteilt (PERRINS 1979, SCHMIDT & WOLFF 1985). Wenn vorhanden, werden künstliche Nahrungsquellen auch in der Brutsaison genutzt. In unseren Untersuchungsgebieten rund um den Alpenzoo Innsbruck flogen Blaumeisen immer wieder in Volieren mit weitmaschigem Gitter ein und fraßen dort vor allem Rinderherz-Topfen-Gemisch bzw. getrocknete Insekten (vgl. Kap. 6. 3).

Eine besonders interessante Tradition im Zusammenhang mit künstlichen Futterquellen stellt das Milchflaschenöffnen von Meisen dar, das in den späten 1940er und in den 1950er Jahren in England auftrat (FISHER & HINDE 1949, HINDE & FISHER 1951). Es wird als echte Verhaltenstradition gewertet und leitet sich wohl vom Auswickeln in Blättern eingerollter Larven her. KOTHBAUER-HELLMANN (1990 a) konnte die Entstehung dieser Verhaltenstradition an Kohlmeisen experimentell nachvollziehen. Bereits früher (HELLMANN 1983) hatte die Autorin nachgewiesen, dass bei Blaumeisen Lernen durch Beobachtung vorkommt. Damit dürfte auch die erwähnte Verhaltensweise zu erklären sein.

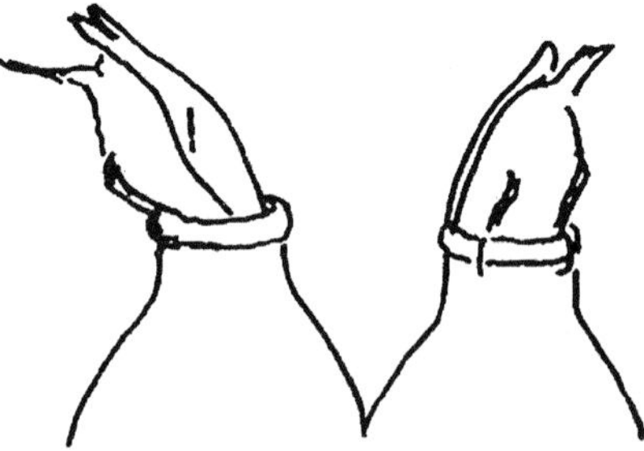

Abb. 11: Blaumeisen trinken aus Milchflaschen. (Zeichnung: W. MÜLLER 1997).

Abb. 12: Blaumeise am Winterfutterplatz. Foto: B. BERGER.

6.2 Nestlingsnahrung

Daten zur Nestlingsnahrung werden überwiegend mit der so genannten Halsringmethode gewonnen. Hinzu kommen Direktbeobachtungen, Kameras am Nest und Attrappen sperrender Nestlinge. Die verfütterte Nahrung ist weit weniger variabel als jene der Erwachsenen. Schmetterlinge, insbesondere ihre Raupen, stellen den wichtigsten Beuteanteil dar. Je nach Lebensraum und Verfügbarkeit dieser Insekten schwankt ihr Anteil zwischen 45 (COWIE & HINSLEY 1988) und 91 % (BETTS 1955). Vor allem Spanner, Wickler, Spinner und Eulen, spielen dabei eine besondere Rolle. Veränderungen in der Nestlingsnahrung im Laufe der Jungenentwicklung dürften zumindest teilweise auf Bestandsschwankungen der Raupen zurückzuführen sein. Auch die Qualität der Raupen ist in verschiedenen Lebensräumen unterschiedlich und nicht über die gesamte Brutsaison konstant. Raupen aus immergrünen Wäldern enthalten generell mehr Gerb- und andere sekundäre Pflanzenstoffe, welche die Verdaulichkeit herabsetzen (PERRINS 1979, BLONDEL 1985). Ältere Raupen, die schon länger an Eichenblättern gefressen haben, enthalten deutlich mehr Tannine und andere phenolhaltige Substanzen (FEENY 1970).

Abb. 13: Lebensraum von *Parus c. teneriffae* auf Gran Canaria (lichter Kiefernwald). Foto: K. PEGORARO u. M. FÖGER.

Abb. 14: Lebensraum von *Parus c. ultramarinus* in Marokko (bei Ifrane). Foto: K. PEGORARO u. M. FÖGER.

Abb. 15: Methode Netzfang bei Blaumeisen. Foto: K. PEGORARO u. M. FÖGER.

Abb. 16: Beringung von Blaumeisen. Fotos: K. PEGORARO u. M. FÖGER.

Dies beeinflusst mit größter Wahrscheinlichkeit die Vitalität der Blaumeisenjungen. PERRINS (1976) konnte experimentell nachweisen, dass sich tanninangereicherte Nahrung negativ auf deren Aktivität und Wachstum auswirkte.

Trotz des beträchtlichen Nahrungsbedarfes der Nestlinge werden die Raupengradationen von Schmetterlingen durch Blaumeisen und andere Insekten fressende Singvögel kaum beeinflusst (DUDERSTADT 1964, PERRINS 1979).

Weitere wichtige Beutetiere sind Spinnen (bis 30 %, GIBB & BETTS 1963), Hautflügler (bis 25,7 %, KIZIROĞLU 1982) und Käfer (bis 17,8 %, KIZIROĞLU 1982). Daneben werden bei fast allen Bruten Pflanzensauger, Zweiflügler und nicht näher zu identifizierende Insekten festgestellt (Übersicht in CRAMP & PERRINS 1993).

In stark vom Menschen beeinflussten Lebensräumen kann auch künstliche Nahrung bei der Aufzucht verwendet werden. Ihr Anteil beträgt mitunter bis zu 15 % (COWIE & HINSLEY 1988). Dabei werden nicht nur für Nestlinge grundsätzlich geeignete Nahrungsstücke, sondern auch schädliche Bestandteile, wie etwa Brot oder Pommes Frites (BERRESSEM et al. 1983) verfüttert.

Für das Knochenwachstum der Jungen ist neben der normalen Ernährung eine ausreichende Kalziumzufuhr nötig. Diese wird durch das Verfüttern von mineralischen Teilchen und Schneckenschalen erreicht. Sind diese nicht in ausreichendem Maß vorhanden, treten körperliche Missbildungen bzw. erhöhte Nestlingsmortalität auf (GRAVELAND 1995).

6.3 Habitatwahl

Die Habitatwahl von Meisen bei der Nahrungssuche ist traditionell ein beliebtes Untersuchungsthema (vgl. NORBERG 1979). Auch Daten zur Einnischung der Blaumeise liegen in großem Umfang vor. Generell ist zu bedenken, dass mit verschiedenen Untersuchungsmethoden unterschiedliche Aussagen gewonnen werden. Deutlich zeigt dies ein Vergleich zweier unterschiedlicher Erhebungsmethoden zur Ermittlung der Habitatwahl während der Nahrungssuche (FÖGER 1994). Dazu wurde der Zeitanteil der Nahrungssuche auf dem jeweiligen Substrat den anteiligen Beutefängen gegenübergestellt. Lange Aufenthaltsdauer ist nicht unbedingt mit zahlreicherer Beuteaufnahme verbunden. Manche Mikrohabitate sind entweder nahrungsreicher oder mit den Fähigkeiten einer Blaumeise leichter auszubeuten (Abb. 17).

Die qualitative und quantitative Beschreibung der Habitatwahl von Blaumeisen hat besonders auf den Britischen Inseln eine lange Tradition. HARTLEY (1953) und GIBB (1954) setzten dazu mit ihren Untersuchungen erste Maßstäbe. Sie konnten nicht nur die unterschiedliche Bedeutung einzelner Gehölze zeigen, sondern auch mit größerer räumlicher Auflösung nachweisen, welche

Nischen Blaumeisen bevorzugen. Unter den Gehölzen spielt die Eiche ganzjährig eine wichtige Rolle. Andere Laubbäume, wie etwa Ulmen oder Ahorne unterliegen stärkeren jahreszeitlichen Schwankungen (Zusammenfassungen in CRAMP & PERRINS 1993, GLUTZ & BAUER 1993). Bezüglich der Einnischung arbeitete GIBB (1954) die Bedeutung des Laubwerks bzw. dünnerer Äste und Zweige höher am Baum bzw. am äußeren Rand der Krone heraus. Durch die Nahrungssuche an den dünnen äußeren Zweigenden könnte das Prädationsrisiko für Blaumeisen höher sein als für andere Laubwaldmeisen, wie es bei den ähnlich eingenischten Tannenmeisen und Wintergoldhähnchen in der Vogelgemeinschaft von Nadelwäldern der Fall ist (vgl. SUHONEN et al. 1993).

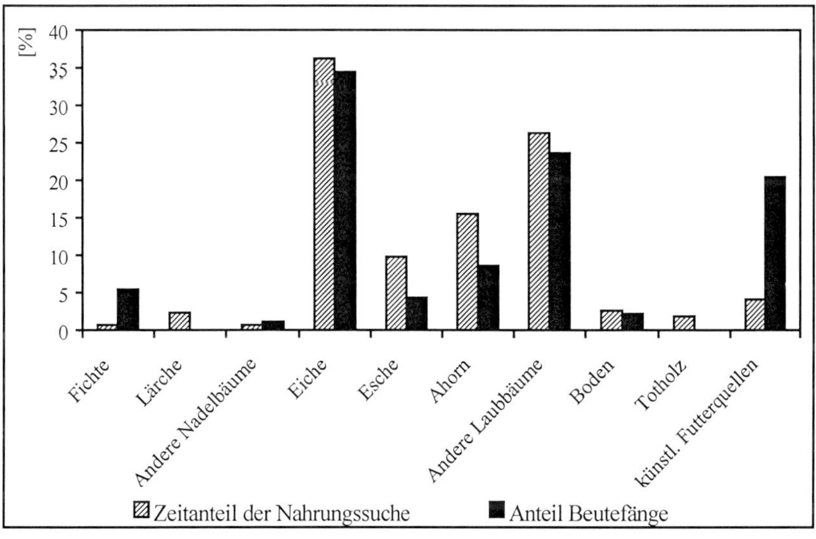

Abb. 17: Habitatwahl nahrungssuchender Blaumeisen während der Jungenaufzucht.

Eine der ersten experimentellen Arbeiten zur Habitatwahl legte PARTRIDGE (1974) vor. An dem für diesen Vergleich idealen Artenpaar Blau- und Tannenmeise untersuchte sie die Präferenzen unerfahrener handaufgezogener Vögel in Bezug auf die Substratwahl zwischen Laub- und Nadelgehölzen. Beide Arten bevorzugten deutlich das von ihnen im natürlichen Lebensraum genutzte Gehölz. Neuere Untersuchungen an Jungmeisen mit artgerechter Früherfahrung bzw. Fehlprägung auf ein atypisches Substart belegen ergänzend dazu, dass nicht nur angeborene, sondern auch erfahrungsbedingte Komponenten in der Habitatwahl eine wichtige Rolle spielen (vgl. GRÜNBERGER 1990, 1992, GRÜNBERGER & LEISLER 1990, STÖLLNER 1991). Damit ist etwa auch zu erklären, warum Blaumeisen in Mischwäldern gelegentlich intensiv in Nadelgehölzen nach Beute suchen (vgl. FÖGER 1991).

Mit der Untersuchung der Habitatwahl von Blaumeisen in Lebensräumen, die von Mittel- und Westeuropa abweichen, erlebten derartige Studien in jüngerer Zeit eine Renaissance. Besondere Beachtung gewannen dabei Populationen, die in untypischen Lebensräumen siedeln. Modellcharakter haben die Kanarischen Inseln, da Blaumeisen hier in hohem Maß in Kiefernwäldern leben (vgl. Kap. 5.1.4). CARRASCAL et al. (1994) konnten nachweisen, dass Vögel aus Teneriffa morphologisch durch ihren längeren Tarsometatarsus, die größere Fußspanne und Besonderheiten in der Beinmuskulatur an die Nahrungssuche in Koniferen gut angepasst sind. Im Suchverhalten und den bevorzugten Positionen zeigten sich größere Übereinstimmungen mit Tannenmeisen als mit Blaumeisen vom spanischen Festland. PULIDO & DIAZ (1997) betonen in ihrer Arbeit weniger die Verteilung einer ganzen Population in ihrem Lebensraum, sondern vielmehr die bisher zu wenig beachteten individuellen Entscheidungen, die letztlich zur beobachteten Gesamtverteilung führen. Die Aufenthaltszeit auf einem Baum war in ihrer Studie nicht mit der Beutetierhäufigkeit korreliert. Die Tiere bevorzugten deutlich dichtere Baumbestände in einem lückig bewaldeten Lebensraum und orientierten sich darüber hinaus am Höhlenreichtum. Die Habitatwahl dürfte wesentlich komplexer ablaufen, als es frühe Untersuchungen angenommen haben. Die dabei wirksamen, insbesondere kognitiven Mechanismen sind noch viel zu wenig bekannt, um klare Aussagen treffen zu können. Weitere Studien erscheinen daher angebracht.

6.4 Interspezifische Beeinflussung der Habitatwahl

Die interspezifische Beeinflussung der Habitatwahl wurde an Meisen besonders intensiv untersucht, da mehrere Arten syntop im selben Lebensraum vorkommen und eine grundsätzlich ähnliche Ernährungsweise haben. Eine hervorragende einführende Übersicht zum Thema gibt WIENS (1989 a, b). Wie im Nadelwald dient auch die Einnischung der Laubwaldmeisen und weiterer Arten mit ähnlicher Nahrungsökologie (z.B. Laubsänger) der Vermeidung von interspezifischer Konkurrenz und damit der optimalen Ausnutzung der vorhandenen Ressourcen. Die Mechanismen sind jedoch in vielen Fällen schwer zu beurteilen. Ein direkter Ausschluss der Blaumeise von bestimmten Futterquellen durch die wesentlich größere Kohlmeise wurde in der Literatur mehrfach erwähnt, doch dürften derartige direkte Auseinandersetzungen eher die Ausnahme darstellen. Die Einnischung ist schon so langfristig etabliert, dass Konflikte weitgehend vermieden werden können. In Ausnahmefällen, z.B. an Winterfütterungen, treten sie jedoch deutlich zutage (vgl. GLUTZ & BAUER 1993). Die Blaumeise besetzt im Laubwald etwa jene

Nische, welche die Tannenmeise im Nadelwald inne hat. Sie bevorzugt dünne Ästchen hoch oben am Baum. Die geringe Körpermasse begünstigt diese Mikrohabitatwahl, die im Laufe einer gemeinsamen Evolution mit Konkurrenten entstanden sein dürfte. Mittlerweile ist die körperliche Anpassung jedoch so weit fortgeschritten, dass eine direkte Konkurrenz für die Aufrechterhaltung dieser Einnischung nicht mehr zwingend erforderlich ist. Eine deutliche Nischenaufweitung zeigt sich auf Inseln (BLONDEL et al. 1988) und generell bei den Unterarten der *teneriffae*-Gruppe (vgl. Kap. 5.1.3 und 5.1.4). Letztere ist auf den Kanarischen Inseln besonders deutlich ausgeprägt und wahrscheinlich nicht zuletzt auf die seit jeher fehlende Konkurrenz durch Gattungsgenossen zurückzuführen.

Generell ist die artspezifische Einnischung im Sommerhalbjahr deutlicher ausgeprägt als in den gemischten Wintertrupps (vgl. HOGSTAD 1978). Durch das Zusammenleben vieler Individuen auf vergleichsweise engem Raum und die Nahrungsmangelsituation kommt es dafür zu dieser Zeit zu häufigeren interspezifischen Auseinandersetzungen, aus denen Blaumeisen wegen ihres hohen Aggressionspotentials trotz geringer Körpergröße oft als Sieger hervorgehen. Ein Trend zur bevorzugten Nutzung feinerer Zweige und Knospen besteht auch in der kalten Jahreszeit, doch dürfte der exakte Ort der Nahrungssuche zu dieser Zeit deutlicher durch die jeweils aktuelle Beutetierdichte bestimmt werden.

Abb. 18: Blaumeise mit Futter am Nistkasten. Foto: B. BERGER.

7 Brutbiologie

Die Brutbiologie ist zweifellos einer der am besten untersuchten Aspekte aus dem Leben der Blaumeise. Allerdings ist dabei festzustellen, dass der überwältigende Teil der Untersuchungen an nistkastenbrütenden Populationen gewonnen wurde. In der Literatur ist bereits mehrfach eine heftige Diskussion darüber entflammt, inwieweit derartige Daten auf Bruten in Naturhöhlen übertragbar sind. Besonders MØLLER (1989) weist auf die Unterschiede zwischen Nistkästen und Naturhöhlen hin und erläutert mögliche Effekte auf Nistplatz- und Partnerwahl, Bruterfolg sowie Nestlingswachstum. Im Rahmen dieser Diskussion fordert der Autor, dass allgemeine Schlussfolgerungen, insbesondere Theorien zur Ökologie und Evolutionsbiologie, nicht ausschließlich aus Nistkastenuntersuchungen gezogen werden sollten. KOENIG et al. (1992) haben die Kritik MØLLERS relativiert und gehen davon aus, dass der Einfluss von Nistkästen in dynamischen Populationen zwar vorhanden ist, jedoch nicht zu »unnatürlichen« Verhaltensweisen oder Anpassungen führt. Zudem unterstreichen sie die enorme Bedeutung von Nistkastenstudien für die Untersuchung populationsbiologischer Phänomene, insbesondere auch wegen der leichten Manipulierbarkeit von Bruten in künstlichen Nisthilfen. MØLLER (1992) präzisierte darauf seine Einwände und sah für Nistkastenstudien drei wesentliche Probleme: Durch das Angebot von Nistkästen bestimmter Ausprägung und in bestimmter Dichte manipulieren Wissenschaftler die Umwelt der Vögel, diese Eingriffe werden in der Regel nicht ausreichend reflektiert, kaum quantifiziert und – für die Vergleichbarkeit besonders wichtig – die genaue Vorgangsweise (Anbringung der Kästen, Reinigungsvorgänge etc.) wird nur ungenügend dokumentiert. Abschließend forderte der Autor daher, dass auch bei Nistkastenuntersuchungen die allgemeinen Regeln der Experimentalbiologie eingehalten werden müssen. Allerdings sind Studien, die allen diesen Forderungen gerecht werden, nach wie vor selten. Bemerkenswert erscheinen uns etwa die Ergebnisse von KUITUNEN & ALEKNONIS (1992), die Bruten von Waldbaumläufern (*Certhia familiaris*) in Naturhöhlen und Nistkästen verglichen. Während manche brutbiologische Kennzahlen (z.B. Legebeginn, Gelegegröße und Häufigkeit von Zweitgelegen) nicht beeinflusst wurden, zeigten sich signifikante Unterschiede in Bezug auf andere. So ist etwa die Häufigkeit von Prädation und Ersatzgelegen in Naturhöhlen deutlich höher, der Bruterfolg somit geringer. Auch diese Autoren warnen nochmals eindringlich vor Schlussfolgerungen bezüglich der Evolution von life histories, die ausschließlich auf

Nistkastenbefunden beruhen. Für den Kleiber sind ebenfalls überdurchschnittlich hohe Prädationsraten in Naturhöhlen bekannt (WESOŁOWSKI & STAWARCZYK 1991).

Während manche der im Folgenden angeführten Befunde von der Art der Bruthöhle und anderen Einflüssen zweifellos unabhängig sind, dürfte insbesondere der Bruterfolg in Nistkästen durch ihre regelmäßige Betreuung (Reinigung etc.) jenen in Naturhöhlen übersteigen. Allerdings lässt die vergleichsweise geringe Zahl von Untersuchungen an Naturhöhlenbruten für die Blaumeise keine detaillierten Vergleiche zu. Hier besteht weiterhin ein dringender Nachholbedarf und – bedingt durch vielfältige methodische Probleme – eine echte Herausforderung für Feldornithologen.

7.1 Revier- und Paarverhalten

7.1.1 Brutreife

Ähnlich wie die meisten anderen Kleinvögel erreichen junge Blaumeisen die Geschlechtsreife noch vor Vollendung des ersten Lebensjahres. GLUTZ & BAUER (1993) geben an, dass Weibchen aus späten Erst- oder Zweitbruten im Alter von 10 Monaten die ersten Eier legen. Allerdings brüten, zumindest in manchen Untersuchungsgebieten und -jahren, etwa 30 % der Einjährigen nicht (DHONDT et al. 1990).

7.1.2 Revierverhalten

Das Revierverhalten dient der Abgrenzung und Verteidigung von Territorien und ist bei der Blaumeise zumeist mit der Begleitung des Weibchens verbunden. Es beginnt mit der allmählichen Auflösung der gemischten Winterschwärme, was je nach Temperatur und Schneelage bereits ab Mitte Januar der Fall sein kann (vgl. POLLHEIMER 1999). Zunächst verdrängt das Männchen potentielle Konkurrenten aus der engeren Umgebung des von ihm begleiteten Weibchens. Zur selben Zeit setzt auch erster Reviergesang ein, der allerdings nur kurzfristig und an unterschiedlichsten Orten vorgetragen wird. Im Laufe des Spätwinters bzw. Vorfrühlings singen die Vögel häufiger, und direkte Auseinandersetzungen mit zukünftigen Reviernachbarn nehmen zu. Im März konzentriert sich der Gesang auf bestimmte auffällige Warten im mittlerweile etablierten Revier; Reviergrenzen werden durch aggressive Auseinandersetzungen deutlich erkennbar. Nähert sich ein Artgenosse dem Revierinhaber zu stark an, erfolgen typische Drohgesten, bei denen die Vögel flach sitzen, die Flügel auf Rückenhöhe anheben und öffnen sowie zur zusätzlichen Oberflächenvergrößerung den Schwanz spreizen. Der Schnabel ist meist leicht geöffnet; mit dem Kopf werden Bewegungen in Richtung Eindringling bzw. hin und her ausgeführt. Dabei ist der allgemeine Erregungslaut, ein mehr oder weniger intensives Zetern, zu hören. Da sich die Rangordnung bereits im Winter oder gar noch früher (vgl. KOTHBAUER-HELLMANN 1990 b) etabliert hat, reicht diese Drohung in der Regel zur Abschreckung aus. In die Streitereien können auch die Weibchen involviert sein, die dabei sogar gelegentlich singen. Der genaue Zeitpunkt der endgültigen Revierabgrenzung ist neben Witterungsfaktoren auch von der Qualität der Revierinhaber abhängig. Dominante Paare errichten ihr Revier in der Regel früher; auch sind diese frühen Reviere im Mittel größer als später etablierte (GLUTZ & BAUER 1993). Bruten in derartigen Territorien verlaufen oft erfolgreicher, wobei jedoch nur schwer zu entscheiden ist, ob Altvogel- oder Revierqualität den entscheidenden Faktor darstellt. Wie in Kap. 5.3 aufgezeigt, ist die Reviergröße von der stark schwankenden Siedlungsdichte unabhängig. Bei hohen Bestandszahlen liegen die Reviere enger beisammen und so kommt es auch zu gesteigerten territorialen Auseinandersetzungen.

7.1.3 Paarbildung

Die Paarbildung ist eng mit der Territorialität verknüpft, manche Verhaltensweisen spielen in beiden Funktionskreisen eine Rolle. Schon in den Winterschwärmen können sich Paare herauskristallisieren, die dann auch zusammen ein Revier gründen und brüten. Das Männchen umsorgt sein Weibchen, der Reviergesang ist nicht nur an Konkurrenten gerichtet, sondern auch an die zukünftige Partnerin. Wie bei den meisten Vögeln ist in der Partnerwahl das Weibchen der aktive bzw. entscheidende Teil. Für die Wahl des Partners könnten Revierqualitäten mit verantwortlich sein. Auch die Farbintensität und vor allem das für das menschliche Auge nicht sichtbare Muster im UV-Bereich scheinen bei der Partnerwahl eine Rolle zu spielen (HUNT et al. 1998, 1999). Auch wenn die Partnerfindung in der Regel schon in den Winterschwärmen beginnt, sind manche Weibchen noch im Februar/ März unverpaart (DHONDT 1987), wählen aber bis zum eigentlichen Brutbeginn dennoch einen Partner. Durch die gemeinsame Verteidigung des Brutreviers nimmt die Intensität der Paarbindung zu.

7.1.4 Balzfüttern

In der späteren Phase der Paarbildung tritt nach den auffälligen Ritualen der Nisthöhlenwahl (siehe Kap. 7.2.1) das Balzfüttern als neue Verhaltensweise im sexuellen Kontext auf. Es beginnt in der Regel in der Phase des Nestbaues, hält die gesamte Bebrütungszeit über an und nimmt erst im Laufe der Jungenaufzucht deutlich ab.

Das Weibchen nähert sich auf leise Lockrufe hin seinem Partner auf weniger als 1½ m, wozu es während der Nestbau- oder Brutphasen auch die Nisthöhle verlässt. Es nimmt eine typische kauernde Körperhaltung ein, spreizt die heftig vibrierenden Flügel leicht ab und lässt Bettellaute hören, die für das menschliche Ohr stark an jene fast flügger Nestlinge erinnern. Das Männchen fliegt direkt neben seine Partnerin und füttert sie. Die Intensität des Balzfütterns kann mitunter sehr hoch sein. GLUTZ & BAUER (1993) geben an, dass z.B. ein Weibchen während 100 Beobachtungsminuten alle 1,6 Minuten gefüttert wurde. Es ist anzunehmen, dass das Balzfüttern nicht nur der Paarbindung und dem Überwinden der Individualdistanz dient, sondern für die Weibchen große energetische Bedeutung hat. In keiner anderen Phase des Lebens ist ihr Energiebedarf so hoch wie zur Zeit der Eibildung (PERRINS 1979). Indirekt könnte das Männchen damit die Gelegegröße an seine zukünftige Fütterkapazität anpassen (NEUB 1977), da besser mit Nahrung versorgte Weibchen im Mittel mehr Eier legen (vgl. Kap. 7.3.5).

7.1.5 Kopulation

Die Kopulationen beginnen einige Tage vor der Ablage des ersten Eies. Die Paarpartner nähern sich dazu allmählich immer mehr aneinander an und zittern intensiv mit den Flügeln. Auch die Haltung verändert sich. Körper und Schwanz sind waagrecht, die Handschwingen leicht gespreizt und die Beine gebeugt. Diese Haltung ist jener einer drohenden Blaumeise nicht unähnlich und weist auf erhöhte Erregung sowie einen Verhaltenskonflikt hin (HINDE 1952). Wahrscheinlich zur Beschwichtigung lassen beide Tiere leise Kontaktlaute ertönen. Zur eigentlichen Kopulation fliegt das Männchen auf den Rücken des Weibchens, verweilt dort nur wenige Sekunden ohne sich am Nacken fest zu halten. Danach trennen sich die Vögel und vor allem das Weibchen plustert sich auf, schüttelt sich und führt Putzbewegungen aus. Wiederholt konnten wir beobachten, dass Männchen eine kurze Strophe des Reviergesangs ausstoßen. Die Kopulationen können sich in der geschilderten Weise mehrfach wiederholen. Nur selten fällt die ritualisierte Annäherung aus und das Männchen landet direkt aus dem Balzflug auf der Partnerin. In der gesamten Periode der Eiablage und auch während der frühen Bebrütung finden noch Begattungen statt.

7.1.6 Paartreue, Polygynie, Extra Pair Copulations

Die Vorstellungen über das Sozialsystem von Vögeln haben sich in den letzten Jahrzehnten grundlegend verändert. Ging man ursprünglich bei den meisten Meisenarten von zumindest saisonaler Monogamie aus, zeigten neuere Untersuchungen, dass auch andere Formen des Zusammenlebens weit verbreitet sind. Entscheidend für diese Erkenntnis waren vor allem verfeinerte und leichter anwendbare Methoden der Molekularbiologie, die Untersuchungen zur Elternschaft in großem Stil ermöglichten (z.B. VERHEYEN et al. 1994).

Nachdem einige Autoren schon früher die Annahme geäußert hatten, dass Blaumeisen zur Polygynie neigen (z.B. WINKEL 1981, DHONDT et al. 1983) legte KEMPENAERS (1994) die erste umfassende Arbeit zum Sozialsystem vor. Dabei setzte er insbesondere genetische Vater- und Mutterschaftsanalysen ein. Er fand heraus, dass etwa 20 % der Männchen polygyn waren und 35 % der Weibchen in derartigen Partnerschaften lebten. Im Wesentlichen limitierte weibliche Aggression die Möglichkeiten der Männchen, sich polygyn zu verhalten. Der individuelle Bruterfolg einzelner Weibchen hängt stark von der väterlichen Beteiligung an der Jungenaufzucht ab, was zu Konflikten zwischen den Partnerinnen polygyner Männchen führt.

Neben der weit verbreiteten Polygynie treten auch Extra Pair Copulations immer wieder auf. GULLBERG et al. (1992) konnten durch genetisches Fingerprinting nachweisen, dass in zwei von sieben Bruten mehrfache Vaterschaft vorlag. Intraspezifischen Brutparasitismus hingegen konnte diese Studie nicht nachweisen, d.h. alle Jungen der untersuchten Bruten stammen von jeweils einem Weibchen. 6 % der Nestlinge entstanden durch Paarungen mit einem anderen als dem revierhaltenden Partner. In keinem Fall aber stammten alle Nestlinge einer Brut von einem »fremden« Männchen. Die Ergebnisse von KEMPENAERS (1994) sind ähnlich, jedoch war der Anteil von Jungen aus Extra Pair Copulations mit 11 bis 15 % etwa doppelt so hoch. Der Autor erklärt diesen beträchtlichen Wert durch eine starke Präferenz der Weibchen für »hochwertige« Männchen. Die Qualitätsbeurteilung erfolgt nach verschiedenen Kriterien, entweder indirekt über Revierqualitäten oder direkt über bestimmte Eigenschaften der Männchen, wie etwa Gefiederfärbung im UV-Bereich (siehe Kap. 4.1.1) oder bestimmte Eigenschaften des Gesanges (PÖSEL et al. 2001).

Die Partner versuchen durch Bewachung (»mate guarding«) der Weibchen Fremdpaarungen zu verhindern, was ihnen aber nicht gelingt. Die Wahrscheinlichkeit der Vaterschaft ist für polygyne und monogame Männchen gleich groß. Die Vaterschaft scheint zum Großteil der weiblichen Kontrolle zu unterliegen. Allerdings profitieren die Weibchen von der Bewachung, weil sie dadurch vor Belästigung durch benachbarte Männchen bewahrt werden (KEMPENAERS et al. 1995)

7.1.7 Orts- und Geburtsorttreue

Die Ortstreue von Blaumeisen ist ähnlich wie das Wanderverhalten (vgl. Kap. 8.2) regional sehr unterschiedlich ausgeprägt. Die britischen und mediterranen Brutpopulationen halten sich zu einem großen Teil ganzjährig am einmal gewählten Brutort auf (GOODBODY 1952). Vergleichbares dürfte auch für die Kanarischen Inseln gelten. In Mitteleuropa sind die Befunde variabel. So konnten etwa CROON et al. (1985) im Winter nur die Hälfte der Weibchen und ein Viertel der Männchen in ihren Untersuchungsgebieten nachweisen. Dabei müssen allerdings methodische Probleme berücksichtigt werden: Bei Netzfängen an Futterstellen lernen Meisen relativ schnell, die Netze zu umfliegen bzw. die Nahrungsquelle zu den Fangzeiten zu meiden (vgl. SCHMIDT et al. 1986, POLLHEIMER 1999). Die zweite angewendete Methode der nächtlichen Kontrolle von Nistkästen ergibt zwar für die Kohlmeise befriedigende Ergebnisse, die Blaumeise jedoch übernachtet nur selten in künstlichen Nisthilfen (GLUTZ & BAUER 1993).

Bei eigenen Winterbeobachtungen waren mehr als die Hälfte der Brutvögel einer Saison zu Beginn des folgenden Winters im Untersuchungsgebiet anwesend. Dieser Anteil nahm jedoch im Lauf der Zeit ab, was wir eher auf Wintermortalität als auf Abwanderung zurückführen. Etwa 20 % der Brutpopulation unserer Untersuchungsgebiete bestand aus Individuen, die bereits in einem der Vorjahre hier gebrütet hatten. Die Bindung an einen Brutplatz erscheint damit recht hoch zu sein, da höchstwahrscheinlich alle überlebenden Altvögel wieder in ihrem angestammten Gebiet nisteten, oft sogar im selben Revier. Selbst wenn ein Individuum im Winter nicht in seinem Brutrevier anwesend ist, kann es im Folgejahr wieder dort nisten (vgl. DHONDT 1989, WINKEL & FRANTZEN 1991).

Die Geburtsorttreue der Erstbrüter ist kleinräumig gering; die Mehrzahl der nachweisbaren Neuansiedelungen erfolgt jedoch im Umkreis von 3 km (GLUTZ & BAUER 1993). Auch hierbei ist zu bedenken, dass Einjährige, die sich in größerer Entfernung ansiedeln, räumlich weiter verteilt und daher mit geringerer Wahrscheinlichkeit nachweisbar sind.

7.1.8 Bruthelfer?

Von Helfersystemen bei der Jungenaufzucht spricht man, wenn an der Betreuung des Nachwuchses neben den leiblichen Eltern weitere Individuen beteiligt sind (IMMELMANN 1982). Bei den Helfern handelt es sich in der Regel um Verwandte des Elternpaares; es können aber auch fremde Individuen beteiligt sein. Innerhalb der Vögel sind Bruthelfer relativ weit verbreitet und wurden bei etwa 300 Arten aus verschiedensten Verwandtschaftsgruppen festgestellt (EHRLICH et al. 1988, STACEY & KOENIG 1990). Auch innerhalb der Gattung *Parus* wurden bereits Bruthelfer, die sich lediglich an der Fütterung beteiligen (DAVIS 1978, TARBELL 1983), bzw. echte Helfersysteme mit gemeinsamer Jungenaufzucht und Gemeinschaftsrevieren beschrieben (TARBOTON 1981, GINN et al. 1989). Bei Blaumeisen konnte ebenfalls wiederholt beobachtet werden, dass mehr als zwei Adulte an einem Nest anwesend waren (HUDDE 1988, WASSMANN 1989). In ersterem Fall handelte es sich allerdings um eine vermischte Brut von zwei Weibchen im selben Nistkasten; hier kann also nicht von einem Bruthelfer gesprochen werden. Bei den Beobachtungen von WASSMANN (1989) fütterten drei Adulte die neun geschlüpften Nestlinge einer Brut. Nähere Details über Elternschaft etc. werden jedoch nicht angegeben und der Autor selbst denkt eher an einen Fall von Polygynie als an Bruthelfer. Wir schließen trotz vereinzelter Beobachtungen von mehreren fütternden Altvögeln ein Helfersystem bei der Blaumeise aus (vgl. SKUTCH 1986).

7.1.9 Mischbruten

Aufgrund verschiedener Begebenheiten kann es zu Mischbruten von Blaumeisen mit anderen Vogelarten kommen. Dies tritt zum Beispiel auf, wenn eine artfremd besetzte Höhle mit noch unbebrüteten Eiern übernommen wird und die eigenen Eier dazu gelegt werden. Es kann dann vorkommen, dass die Jungen beider Arten zum Schlupf kommen und sogar aufgezogen werden. So berichtet SCHÄFER (1971) von einer Mischbrut von Blau- und Weidenmeise. Ein Blaumeisenpaar zog dabei erfolgreich eine Zwölferbrut auf, die aus je sechs Nestlingen der beiden Arten bestand.

7.2 Neststandort und Nestbau

Im Gegensatz zu anderen Höhlenbrütern bauen Meisen vergleichsweise aufwendige Nester (CRAMP & PERRINS 1993, GLUTZ & BAUER 1993). Sie begnügen sich nicht mit der Reinigung und/oder dürftigen Auspolsterung bereits vorhandener Höhlen, wie dies etwa bei Spechten (Picidae) und vielen Eulen (Strigiformes) der Fall ist, sondern investieren beträchtliche Zeit in den Nestbau. Neben anderen Verhaltensweisen führte dieses Merkmal zur Einstufung der Meisen als sekundäre Höhlenbrüter, die von offenbrütenden Vorfahren abstammen müssen (HEINROTH & HEINROTH 1926; vgl. auch Kap. 3.2). Eigene genetische Untersuchungen, die den Nestbau der Sylvioidea als wichtiges Verhaltensmerkmal berücksichtigen, bestätigen diese Einstufung (STURMBAUER et al. 1998).

7.2.1 Auswahl des Neststandortes

Die Nistplatzwahl ist ein recht aufwendiger Prozess und findet im bereits abgegrenzten Brutrevier statt. Während die Männchen schon im Winter immer wieder Höhlen inspizieren, beginnt der eigentliche Auswahlprozess erst im März. Er nimmt zumindest fünf Tage in Anspruch (GLUTZ & BAUER 1993), dauert aber nach eigenen Beobachtungen in den meisten Fällen wesentlich länger und kann sich über mindestens zwei Wochen hinziehen. Ein wesentlicher Aspekt bei der Höhlenwahl ist das so genannte »Höhlenzeigen«, das nach GLUTZ & BAUER (1993) mehr der Paarbindung und sexuellen Stimulation dient als dem eigentlichen Finden der Bruthöhle. Dies erscheint insofern plausibel, als das Weibchen ja ebenfalls bereits über längere Zeit in seinem Revier lebt und damit die Bruthöhlen ebenso gut kennt wie ihr Partner.

Zunächst finden in der Umgebung einer potentiellen Bruthöhle auffällige Balzflüge des Männchens statt, die auch von anderen Verhaltensweisen der Paarbildung und -bindung, wie etwa dem Balzfüttern, unterbrochen werden. Diese Darbietungen und »Spielereien« ziehen sich über mehrere Tage hin. Wenn die Auswahl schließlich beinahe feststeht, beginnt das Männchen betont auffällig in die Höhle einzufliegen, um sogleich wieder herauszukommen. Um einiges später inspiziert auch das Weibchen die zukünftige Nistkammer und fliegt sehr erregt und hektisch aus und ein. Dieser Zustand hält für mehrere Stunden an. Es kann auch geschehen, dass der gesamte Vorgang an einer anderen Höhle nochmals von vorne beginnt. Doch in der Regel fliegt die Meise schließlich ohne erkennbare Erregung in die Bruthöhle ein und die Auswahl ist damit getroffen. Auch danach werden noch weitere Höhlen inspiziert, was allerdings nur der gegenseitigen Stimulation und Synchronisation dienen dürfte. Wenn Blaumeisen nach erfolgter Höhlenauswahl durch dominante Artgenossen oder stärkere Arten (vgl. Kap. 7.2.4) aus der schon gewählten Höhle vertrieben werden, erfolgt die Wahl einer neuen anscheinend in wesentlich kürzerer Zeit (HINDE 1952), was bei der umfassenden Revierkenntnis der Tiere auch nicht weiter erstaunlich ist.

7.2.2 Die typische Blaumeisenhöhle

Die typische Blaumeisenhöhle unter natürlichen Bedingungen ist nicht immer einfach zu charakterisieren, da die Vögel in ihrer Selektion recht flexibel sind und viele verschiedene Faktoren auf die Auswahl wirken. Nur in seltenen Fällen werden bereits vorhandene Fäulnishöhlen erweitert (Übersicht in GLUTZ & BAUER 1993). Während unserer langjährigen Untersuchungen konnten wir auch in Gebieten mit ausschließlichen Bruten in Naturhöhlen dieses Verhalten niemals beobachten. In der Regel werden vor allem vorhandene Fäulnishöhlen (ausgebrochene Äste, Spalten in Bäumen, durch Pilzfäule ausgehöhlte Stämme etc.) oder Spechthöhlen unverändert übernommen. Eine Bevorzugung bestimmter Baumarten wird zwar in der Literatur wiederholt erwähnt, ist jedoch nicht wirklich nachvollziehbar, da der Verteilung der Höhlen auf die Baumarten nicht die Zusammensetzung der jeweiligen Wälder gegenüber gestellt wird. Eine Abweichung von einer zufälligen Auswahl ist daher nicht überprüfbar.

Die durchschnittliche Blaumeisenhöhle liegt höher am Baum und hat eine kleinere Einflugöffnung als jene anderer Meisenarten. VAN BALEN et al. (1982) schlossen daraus, dass interspezifische Konkurrenz die Art zu dieser Wahl zwingt, die vom durchschnittlich vorhandenen Höhlenangebot auf den untersuchten Flächen signifikant abweicht. Allerdings gibt es trotz der statistisch absicherbaren Trends beträchtliche Überschneidungen zwischen den Arten. Auch GAISER (1991) fand bei seinen Untersuchungen an Höhlenbrütern in Streuobstwiesen, dass es zwischen den Arten starke Überlappungen in der Höhlenwahl gibt. Blaumeisen bevorzugten dabei tendenziell Höhlen mit geringer Innentiefe bis zum Nest, kleinen Einflugöffnungen und kleiner Grundfläche. Ähnliche Ergebnisse erbrachten die Untersuchungen von WESOŁOWSKI (1989) in polnischen Primärwäldern. Neben der interspezifischen Konkurrenz könnte auch die Feindvermeidung die Bruthöhlenwahl der Blaumeise beeinflussen. Nach LI & MARTIN (1991) haben Höhlenbrüter, die hoch an den Bäumen gelegene Bruthöhlen nutzen, einen höheren Bruterfolg.

Nester im Boden kommen zwar vor, sind aber wesentlich seltener als bei der Tannenmeise, die als konkurrenzschwächste Meise sehr oft in bodennahen Höhlen oder gar Mauslöchern brütet (LÖHRL 1974). Noch seltener werden frei stehende Nester gebaut oder Nester anderer Vogelarten, wie etwa Zaunkönig, Schwalben oder Rabenvögel, besiedelt (Übersicht der weit verstreuten und oft anekdotischen Literatur in GLUTZ & BAUER 1993).

7.2.3 Künstliche Niststandorte

Bedingt durch die mitunter erhebliche Konkurrenz um günstige Bruthöhlen (siehe Kap. 7.2.4) und den Mangel an natürlichen Höhlen in stark vom Menschen beeinflussten Lebensräumen brüten zahlreiche Blaumeisen in künstlichen Nisthilfen oder anderen höhlenartigen Strukturen bzw. Objekten. Unter den Nistkästen werden häufig jene bevorzugt, die eine enge Einflugöffnung haben (26 bis 28 mm Durchmesser) und daher Kohlmeisen als Hauptkonkurrenten ausschließen. Bezüglich der Nistkastengröße zeigen sich ähnliche Präferenzen wie bei Naturhöhlen: Kästen mit kleiner Grundfläche und geringem Volumen werden bevorzugt (vgl. LÖHRL 1990).

Nicht so häufig wie Kohlmeisen, aber dennoch mit großer Regelmäßigkeit nutzen Blaumeisen auch ungewöhnlichere Plätze zum Brüten. In unseren Untersuchungsgebieten rund um Innsbruck konnten wir Bruten etwa regelmäßig in Ritzen von Gebäuden (z.B. enge Ritzen in Dachbereichen, hinter hölzernen Fassadenverkleidungen, Spalten in Mauerwerk oder ähnlichem) nachweisen. Auch Briefkästen im Freien dienen gelegentlich als Quartier für die Jungenaufzucht. GLUTZ & BAUER (1993) zählen noch etliche weitere, derart ungewöhnliche Neststandorte auf – von der Obstkiste bis zur Schuhschachtel, welche die hohe Plastizität der Blaumeise bei der Wahl des Neststandortes unterstreichen.

7.2.4 Konkurrenz um Bruthöhlen

Bei der Bruthöhlenwahl wird die Konkurrenz um günstige Plätze immer wieder als wichtiger Faktor genannt (vgl. PERRINS 1979). Dabei ist zwischen intra- und der häufiger diskutierten interspezifischen Konkurrenz zu unterscheiden. Zwischen den verschiedenen Arten werden mögliche Konflikte um die Bruthöhle durch unterschiedliche Präferenzen minimiert. Beobachtungen und Experimente zeigten dabei, dass die Blaumeise vor allem der nahe verwandten Kohlmeise aus dem Weg zu gehen versucht. Blaumeisen bevorzugen Bruthöhlen in größerer Höhe und nehmen lieber kleinere Räume an (LÖHRL 1977). Allerdings besteht eine beträchtliche Überlappung in den Ansprüchen beider Arten (PERRINS 1979). Im direkten Konflikt wird sich die körperlich deutlich größere und stärkere Kohlmeise stets durchsetzen.

Gegenüber der etwa gleich großen Tannenmeise tritt Rivalität um Nistplätze bedingt durch die deutlich unterschiedliche Habitatbevorzugung wesentlich seltener auf. In unseren Innsbrucker Untersuchungsgebieten war allerdings regelmäßig zu beobachten, dass beide Arten den selben Nistkasten inspizierten. In der Folge setzten sich immer die Blaumeisen durch.

Gegenüber der ebenfalls Laubwald bevorzugenden Sumpfmeise kommt es nur selten zu Höhlenkonkurrenz. Sumpfmeisen wählen in der Regel völlig andere Nistplätze. Sie bevorzugen spaltenartige Hohlräume, etwa an ausgebrochenen Ästen, die zudem in den meisten Fällen sehr bodennah liegen (vgl. LUDESCHER 1973, PERRINS 1979).

Ein Wettstreit gegenüber Hauben- und Weidenmeise dürfte weitgehend auszuschließen sein. Diese beiden Arten legen ihre Bruthöhlen zum überwiegenden Teil selbst in morschem Holz an (LUDESCHER 1973, LÖHRL 1991), sodass sie auf bereits vorhandene nicht angewiesen sind und den anderen Arten eher ausweichen.

Auch »Nicht-Meisen« kommen als mögliche Höhlenkonkurrenten in Frage, darunter etwa Trauerschnäpper, Kleiber, Star und Feldsperling, die sich in direkter Auseinandersetzung wohl meist gegen die Blaumeise durchsetzen.

In der vogelkundlichen Literatur wurde die Bedeutung der interspezifischen Rivalität um Nistplätze, insbesondere gegenüber der Kohlmeise, mitunter sehr stark betont (LÖHRL 1977, VAN BALEN et al. 1982, ISENMANN 1983). Dabei ist allerdings zu berücksichtigen, dass das Höhlenangebot naturnaher Wälder in vielen Fällen die Nachfrage durch ihre Besiedler bei weitem übersteigt. In derartigen Lebensräumen treten Konkurrenzphänomene kaum auf (vgl. WESOŁOWSKI 1989). Selbst in kleinen, aber naturnahen Reliktwäldern bleibt der überwiegende Teil der vorhandenen potentiellen Bruthöhlen ungenutzt, wie eigene Untersuchungen an einem nur knapp 4 ha großen Eichenwaldrest im Nordtiroler Inntal ergaben (SAURER & FÖGER, unpubl.).

Intraspezifische Konkurrenz wird nicht nur direkt über die Auswahl eines speziellen Nistplatzes ausgetragen, sondern umfasst in der Regel das gesamte Brutrevier. Sie wurde daher in Kap. 7.1.2 behandelt.

7.2.5 Nestbau

Die bisher ausführlichste Arbeit zum Nestbau einer Meisenart hat DECKERT (1964) verfasst. Die Autorin beschreibt detailliert das Nestbauverhalten der Kohlmeise. Bei der Blaumeise stimmen alle wesentlichen Details mit jenen der größeren Schwesternart überein. Daher möchten wir an dieser Stelle die wichtigsten Aspekte zusammenfassen und einige Spezialitäten der Blaumeise hinzufügen.

Nur das Weibchen baut am Nest (vgl. auch CRAMP & PERRINS 1993, GLUTZ & BAUER 1993). Ab dem 1. Bautag wird aus sehr viel Moos die Außenschicht aufgebaut. Mit der Zeit wird immer mehr Moos eingetragen, dazwischen aber auch einzelne Grashalme, die meist charakteristisch zerbissen und geknickt werden. Je größer die ausgewählte Bruthöhle desto mehr Moos wird eingetragen, was sich indirekt auch auf den zeitlichen Aufwand des Nestbaues auswirkt. Ab dem 3. Tag beginnt das Weibchen mit dem Eintragen von Polsterstoffen, die gegen Ende der Bautätigkeit als alleiniges Material eingebracht werden. Die Dauer des Nestbaues ist sehr uneinheitlich und wird von verschiedenen Faktoren, insbesondere vom aktuellen Wettergeschehen, beeinflusst. Bei Kälteeinbrüchen, teilweise sogar mit Schneefall, konnten wir wiederholt einen völligen Stillstand bei der Konstruktion schon begonnener Nester feststellen (vgl. auch GLUTZ & BAUER 1993). Während unserer Untersuchungen lag die Gesamtbauzeit zwischen 2 (Ersatzbrut) und 14 Tagen.

Abb. 19: Futter tragendes Blaumeisenmännchen. Foto: B. BERGER.

Abb. 20: Begonnenes Blaumeisennest in einem Schweglerkasten. Foto: K. PEGORARO u. M. FÖGER.

Abb. 21: Blaumeisennestlinge am 3. bis 4. Lebenstag. Foto: K. PEGORARO u. M. FÖGER.

Der Nestbau selbst ist eine komplexe Tätigkeit und läuft wie folgt ab. Die Blaumeise setzt sich in die Mulde und steckt das Nestmaterial, das sie eingetragen hat, unter raschen seitlichen Schnabelausschlägen zwischen bereits vorhandene Nestbestandteile. Das Material wird in das Nest regelrecht hineingeschüttelt. Diese Bewegung wird in der Literatur zumeist als »Einzittern« bezeichnet. Sie tritt auch bei anderen Singvögeln (z.B. Zebrafinken, IMMELMANN 1962; Goldhähnchen, THALER 1976) und sogar bei Nichtsingvögeln mit relativ groben Nestern auf (z.B. Reiher und Störche, DECKERT 1964; Waldrapp, PEGORARO 1996), fehlt hingegen bei Sperlingen und Grasmücken (DECKERT 1955).

Für den Feinbau des Nestes besitzen Meisen drei Bewegungskoordinationen: 1. Strampeln; 2. »Stopfen«; 3. Zupfen. In den ersten drei Tagen strampeln die Meisen außerordentlich häufig. Durch diese Bewegungen werden alle Nistmaterialien aus der Mulde heraus an die Seite befördert. Wenn sich bereits genügend Nistmaterial in der Bruthöhle befindet, gelingt es den Weibchen nicht mehr, alles an den Rand zu strampeln. Die Bewegung wird immer seltener, tritt aber manchmal sogar noch in der Phase des Auspolsterns auf. Spätestens mit dem Eintragen von Polstermaterial beginnen die Meisen zu »stopfen«. Die Weibchen ergreifen dabei mit dem Schnabel Niststoffe besonders am Nestboden und bewegen sie weit ausholend und ziemlich langsam von unten nach oben hin und her. Die Schnabelspitze bleibt dabei stets nach unten gerichtet. Feine Haare werden dadurch herausgezogen und dicht daneben wieder hineingesteckt; das Material verfilzt. In der Bebrütungszeit bzw. der Huderperiode geht das »Stopfen« in das Nestbodenrütteln über, eine bei vielen Vögeln verbreitete Form der Nestreinigung. Während der Lege- bzw. Bebrütungsphase tritt schließlich die dritte Form auf, das Zupfen. Die Weibchen ziehen mit dem Schnabel Tierhaare zu sich heran und stecken sie von innen wieder hinein. Dabei weist ihr Schnabel wie beim »Stopfen« und Nestbodenrütteln stets nach unten. Andere Singvögel (z.B. Buchfink, Gelbspötter, Dorngrasmücke) halten den Schnabel dabei gerade. Das Zupfen der Blaumeise unterscheidet sich vom »Stopfen« nur dadurch, dass das Material von weiter her geholt und weniger hin- und herbewegt wird. Das Zupfen dürfte für den eigentlichen Nestbau kaum von Bedeutung sein, sondern eher Vorläufer jener Bewegung, mit der später die Weibchen vor dem Verlassen der Bruthöhle ihre Eier bedecken.

Am fertigen Nest kann man deutlich drei Schichten unterscheiden: 1. Moos und Halme (Außenschicht); 2. Moos (Mittelschicht); 3. Polstermaterial (Polsterschicht). Dieser Nestaufbau entspricht - trotz vielfältiger Unterschiede im Detail - dem der meisten anderen Singvogelarten (vgl. z.B. DECKERT 1955, 1969, GWINNER 1965, THALER 1976, AICHHORN 1989).

7.2.6 Zusammensetzung des Nestes

Blaumeisen bevorzugen feines Moos und Gräser für den Bau von Außen- und Mittelschicht ihrer Nester. Zwei Merkmale unterscheiden diese von jenen anderer mitteleuropäischer Meisen. In der Außenschicht des Blaumeisen-Nestes werden viel mehr feine Grashalme verarbeitet als bei den anderen Arten. Die eingebauten Halme werden immer in charakteristischer Weise vorbehandelt. Sie werden mit dem Schnabel bearbeitet, »durchgekaut«, und wirken daher immer weich und zerschlissen. Diese Form der Bearbeitung unterschiedet die Blaumeise auch von Sumpf- und Kohlmeise, die ebenfalls Grashalme verbauen, während in den Nestern der Nadelwaldmeisen in der Regel kein Gras zu finden ist (FÖGER 2001). Außerdem verwenden Blaumeisen nur sehr wenig Spinnstoff (Kokons von Spinnen und verschiedenen Insekten). Ihre Nester sind daher bei gleicher Höhe und ähnlichem Material bei weitem nicht so kompakt und verfestigt wie die oft ähnlichen Nester der Tannenmeise.

Neben Tierhaaren enthält die Polsterschicht des Blaumeisen-Nestes sehr viele Federn. Dabei werden nicht nur eigene Federn verwendet, sondern auch gezielt Mauserfedern oder Federn von toten Vögeln gesammelt. Auch Federn, die eigentlich zu groß für die Bruthöhle sind, werden eingebaut. Dazu werden diese am Schaft so lange beknabbert und weich geklopft, bis sie in die Höhle hineingezogen und verarbeitet werden können (vgl. dazu auch Verhalten des Schneefinken / *Montifringilla nivalis;* AICHHORN 1989). Sowohl Masse als auch Anzahl der Federn in der Polsterschicht unterscheiden das Blaumeisen-Nest von jenen aller anderen heimischen Meisen (vgl. CAMPBELL & FERGUSON-LEE 1972, HARRISON 1975).

Eine vergleichende Untersuchung des Nestaufbaus von Blaumeisen in einem inneralpinen und einem Mittelgebirgslebensraum (FÖGER 2001) erbrachten folgende Ergebnisse:

Tab. 6: Zusammensetzung von Meisennestern aus den Untersuchungsgebieten Steinau-Weinberg und Innsbruck Alpenzoo/Nordkette. Alle Angaben (außer Anzahl Federn) in Gramm Trockenmasse ± Standardabweichung.

Gebiet	Steinau	Innsbruck
Gesamtmasse	17,34 ± 6,73	22,44 ± 5,77
Außen- und Mittelschicht	12,14 ± 4,71	14,14 ± 5,23
Moos	7,21 ± 2,80	8,41 ± 3,33
Gras	4,78 ± 1,86	5,56 ± 2,98
Holzteile	0,03 ± 0,01	0,04 ± 0,04
Sonstiges	0,10 ± 0,04	0,14 ± 0,15
Polsterschicht	5,20 ± 2,02	8,30 ± 1,39
Haare	4,26 ± 1,66	6,80 ± 1,03
Federn	0,23 ± 0,09	0,37 ± 0,28
Federn [Anzahl]	43,55 ± 16,91	71,50 ± 5,93
Sonstiges	0,71 ± 0,28	1,14 ± 0,64

Abb. 22: Fledermaus-Nistkasten mit *Parus c. caeruleus* in Hessen (reiner Buchenbestand). Foto: K. PEGORARO u. M. FÖGER.

Blaumeisen-Nester aus dem Gebiet Steinau waren signifikant leichter als jene aus den Innsbrucker Untersuchungsgebieten. Eine vergleichbare Tendenz konnte auch bei der etwa gleich großen Tannenmeise, nicht jedoch bei der Kohlmeise nachgewiesen werden (FÖGER 2001). Die Masse von Außen-/Mittel- und Polsterschicht verändert sich in gleicher Weise. Dieses Phänomen kann als Anpassung an die klimatischen Bedingungen der Brutgebiete bewertet werden.

Ein Teil der Einflüsse des Untersuchungsgebietes dürfte sich durch die unterschiedlichen Seehöhen erklären lassen (vgl. SCHNEYDER 1991). Die Höhenlage geht mit entsprechenden Temperaturunterschieden während der Brutsaison einher: Die Temperaturen im Gebiet Steinau sind im Mittel höher und relativ ausgeglichen. Die absolut höchsten Temperaturen wurden in den Innsbrucker Untersuchungsgebieten erreicht, Kälteeinbrüche mit Schneefällen bis in den Mai führen jedoch zu niedrigeren Mittelwerten. In diesem Sinne wäre die Zunahme der Masse von Blaumeisennestern als Anpassung an tiefere bzw. stark schwankende Temperaturen zu werten. Umso mehr überrascht die Tatsache, dass Nester der Kohlmeise einem gegenläufigen Trend folgen. Möglicherweise spielt die Nestisolation bei dieser deutlich größeren Art eine weniger wichtige Rolle, da die brütenden Weibchen eine entsprechende Temperatur mit weniger Nistmaterial aufrecht erhalten können.

Abb. 23: Normal gefärbte und rein weiße Eier der Blaumeise. Foto: K. PEGORARO u. M. FÖGER.

7.3 Das Gelege

7.3.1 Aussehen der Eier

Blaumeiseneier sind jenen anderer Kleinmeisen sehr ähnlich und rein optisch kaum von diesen zu unterscheiden (HARRISON 1975, HOEHER 1978). Sie zeigen die typische Spindelform mit glatter und schwach glänzender Oberfläche. Die Grundfärbung ist weiß; eine sehr unterschiedlich ausgeprägte Zeichnung hell oder dunkel rötlicher bis brauner Punkte und größerer Klekse überzieht die gesamte Oberfläche. Häufig konzentriert sich das Muster am stumpfen Pol, seltener ist es regelmäßig über die ganze Schale verteilt. Sehr wenig gezeichnete und rein weiße Eier kommen in Ausnahmefällen vor (Abb. 23).

7.3.2 Maße und Gewichte

Die Eimasse für *Parus c. caeruleus* schwankt zwischen 0,87 und 1,61 g. Für *P. c. obscurus* wurden in Südengland im Mittel 1,11 g ermittelt (GIBB 1950). Das Gewicht des gesamten Geleges kann über 150 % des Weibchengewichts ausmachen (GLUTZ & BAUER 1993).

7.3.3 Einfluss von Umweltfaktoren auf die Eigröße

Die Eigröße wird durch verschiedenste Faktoren beeinflusst. Einen entscheidenden Einfluss hat höchst wahrscheinlich die Qualität eines Weibchens. Die Eigröße dürfte ähnlich wie bei der Kohlmeise zu einem beträchtlichen Maß erblich festgelegt sein (VAN NOORDWIJK 1980, VAN NOORDWIJK et al. 1981).

Im Rahmen dieses vererbten Spielraums wirken verschiedene, insbesondere biotische (belebte) Umweltfaktoren auf die Eigröße ein. Der Ernährungszustand des Weibchens vor der Eiablage, also in der Phase, in der die Eier im Mutterleib produziert werden, dürfte von entscheidender Bedeutung sein (vgl. VAN NOORDWIJK 1980, NAGER & VAN NOORDWIJK 1992). In experimentellen Untersuchungen an Kohlmeisen konnten wir zeigen, dass Weibchen, die mit zusätzlicher Nahrung versorgt werden, signifikant größere Eier legen (FÖGER & PEGORARO 1996). Ein ähnlicher Trend, wenngleich nicht so deutlich ausgeprägt, wurde auch für Blaumeisen bestätigt (FÖGER 2001). Die Konkurrenz der größeren Schwesternart an den Futterstellen könnte dabei eine Rolle spielen.

Tab 7: Eimaße [mm] von *Parus c. caeruleus* und *P. c. obscurus* (Südengland), gemessen jeweils an der längsten bzw. breitesten Stelle. Quellen: 1 – CRAMP & PERRINS (1993); 2 – VERHEYEN (1967); 3 – WINKEL (1970); 4 – MAKATSCH (1976); 5 – CRAMP & PERRINS (1993); 6 – GLUTZ & BAUER (1993); 7 – KIZIROĞLU (1982); 8 – WITHERBY et al. (1938); 9 – MAKATSCH (1976); 10 – SCHÖNWETTER (1980).

Unterart Gebiet	n	Länge			Breite			Quelle
		min	max	Mw	min	max	Mw	
caeruleus								
Mitteleuropa	192	14,0	17,6	15,56	10,7	13,0	11,97	1
Belgien	209	–	–	15,70	–	–	11,80	2
Deutschland								
mehrjährige ♀	83	–	–	15,80	–	–	11,80	3
einjährige ♀	249	–	–	15,70	–	–	11,80	3
Frankreich	61	14,5	17,9	15,98	11,2	12,8	12,04	4
Schweden	172	14,0	17,3	15,30	11,1	13,5	12,11	5
Westschweiz	148	–	–	15,55	–	–	11,91	6
Türkei	41	–	–	15,72	–	–	11,46	7
obscurus								
Südengland	100	14,0	16,8	15,40	11,2	12,7	11,89	8
teneriffae								
Teneriffa	17	–	–	16,20	–	–	12,40	6
ultramarinus								
Algerien	7	–	–	16,23	–	–	12,84	9
Marokko/Tunesien	17	–	–	15,80	–	–	11,90	10

Zwischen verschiedenen Jahren bestehen bei Blaumeisen signifikante Unterschiede in der Eigröße (FÖGER & PEGORARO unpubl.). Eine direkte Korrelation mit der Wetterlage ist dabei nicht herzustellen. Allerdings könnte das saisonal variierende Nahrungsangebot für diesen Effekt verantwortlich sein. Generell scheinen Blaumeisen zusätzlich verfügbare Nahrung (= Energie) während der Phase der Eiablage eher in die Qualität des Nachwuchses (größere Eier, manchmal früherer Legebeginn) als in eine Erhöhung der Eizahl zu investieren (NILSSON & SVENSSON 1993).

An Kohlmeisen stellten HAMANN (1987) und HAMANN et al. (1989) fest, dass die Eigröße mit der Seehöhe zunimmt. Dies wird als Anpassung an die unvorhersehbaren Nahrungsbedingungen in der frühen Nestlingsphase gewertet, da Nestlinge aus größeren Eiern bessere Überlebenschancen haben. Ein ähnlicher Trend war bei Blaumeisen nicht feststellbar (FÖGER 1991). Tendenziell waren die Eier aus größeren Höhen sogar kleiner, was auf die geringe Adaptation der Blaumeise auf Berglebensräume zurückzuführen sein könnte (vgl. Angaben in MATTES 1988).

7.3.4 Legebeginn

Die Phase der Eiablage ist für die spätere Entwicklung der Jungen und damit für den Bruterfolg von entscheidender Bedeutung. Durch frühen Legebeginn zu einem für die Altvögel aus nahrungsökologischer Sicht ungünstigen Zeitpunkt wird ein möglichst optimales Nahrungsangebot für die Nestlinge sichergestellt (LACK 1966). Der Zeitpunkt der Eiablage unterliegt einer endogenen Steuerung (FARNER 1967, IMMELMANN 1971) und könnte zum Teil auch genetisch determiniert sein (vgl. BLONDEL et al. 1990). Für die genaue Abstimmung sind jedoch auch exogene Faktoren von Bedeutung. Die Mechanismen des Zusammenwirkens zwischen innerer Uhr und verschiedenen Umweltfaktoren sind bis heute nur unzureichend geklärt.

Tab. 8: Legebeginn von Blaumeisen in verschiedenen Gebieten ihrer Verbreitung.

Gebiet	mittlerer Legebeginn	Quelle
Südfinnland	7. Mai	HILDÉN 1990
Südengland	23./24. April	PERRINS 1979
Norddeutschland	29. April	BERNDT et al. 1983
Mitteldeutschland	24. April	SCHMIDT 1984, HUDDE in GLUTZ & BAUER 1993
Baden-Württemberg	18. April	NEUB 1977
Tirol	8. April	FÖGER 1991
Südfrankreich	10. – 17. April	DERVIEUX et al. 1990
Ostspanien	25. April	GIL-DELGADO et al. 1992
Südspanien	19. März	ISENMANN et al. 1990
Marokko	15. April	BAOUAB 1983
Algerien	30. April – 16. Mai	MOALI et al. 1992
Teneriffa	22. Januar – 27. März	REUL 1995

Der wichtigste Zeitgeber für die Synchronisation der endogenen circadianen Rhythmen ist die Tageslänge (ASCHOFF 1960, POHL 1988). Daneben wird der Beginn der Eiablage aber auch durch saisonal variierende Umweltfaktoren, wie Wetter, Nahrungsangebot und Populationsdichte entscheidend beeinflusst (KLUIJVER 1951, FARNER 1967, IMMELMANN 1971, JONES 1972, KÄLLANDER 1974). Für Meisen scheinen dabei die Temperaturverhältnisse ausschlaggebend zu sein (KLUIJVER 1951, VAN BALEN 1973, SCHMIDT 1984). Die einzelnen Arten reagieren auf Temperatureinflüsse sehr unterschiedlich. SCHMIDT (1984) konnte zeigen, dass in seinem Untersuchungsgebiet in Mitteldeutschland für den Legebeginn bei Blaumeisen die Wärmesumme in einem vierwöchigen Zeitraum von Mitte März bis Mitte April entscheidend ist. Diese Temperaturabhängigkeit erklärt auch das spätere Brüten von Meisen in größeren Höhen und mit zunehmender geografischer Breite (ZANG 1980, BERNDT et al. 1983, MATTES 1988). Dementsprechend zeigt der Legebeginn eine starke Streuung je nach Lage bzw. mittlerer Temperatur der untersuchten Gebiete (siehe Tab. 8). Neuere Untersuchungen deuten darüber hinaus an, dass die globale Erwärmung im Laufe der letzten zwei bis drei Jahrzehnte zu einer deutlichen Verfrühung geführt hat (WINKEL & HUDDE 1997). Meisen sind für derartige langfristige Veränderung ideale Bioindikatoren, da aus Nistkastenuntersuchungen bereits seit den 1950er Jahren einigermaßen standardisiert erhobene Vergleichsdaten vorliegen.

Neben der Temperatur spielen auch andere Umweltfaktoren für das Timing des Legens eine Rolle. In verschiedenem Zusammenhang werden dabei immer wieder die Qualität des Lebensraumes und das Nahrungsangebot erwähnt. Durch entsprechende Fütterung konnte KÄLLANDER (1974) bei der Kohlmeise experimentell eine verfrühte Eiablage herbeiführen. Bei Untersuchungen im Alpenzoo Innsbruck wurde für Blaumeisen ein ähnlicher Effekt festgestellt, der zudem im Vergleich zu Literaturdaten (vgl. SCHMIDT 1984) mit sehr geringen Legebeginn-Abweichungen zwischen den einzelnen Jahren korreliert war (FÖGER 1991). Für ein günstiges Nahrungsangebot als möglicher Auslöser früherer Eiablage spricht auch der Befund, dass Blaumeisen in nahe gelegenen sommer- und immergrünen Wäldern zu unterschiedlichen Zeitpunkten ihre Eier ablegen (vgl. Südfrankreich, Tab. 8). Im beutereicheren Flaumeichenwald beginnen sie eine Woche früher zu brüten als in den immergrünen Steineichenwäldern. Ähnliche Befunde stammen aus Algerien, wo die Eiablage im Nadelmischwald später erfolgt als im Laubwald (MOALI et al. 1992).

Neben den genannten Umweltfaktoren könnte auch ein Zusammenhang zwischen Legebeginn und Paarungssystem bestehen (vgl. YOM-TOV 1992). Polygyne Arten sollten nach dieser Hypothese später brüten als monogame, was innerhalb der Meisen recht eindrücklich verwirklicht ist. Blau- und Kohlmeise beginnen deutlich später zu brüten als die anderen vier heimischen Arten (SCHMIDT 1984, GLUTZ & BAUER 1993), die stärker zu zumindest saisonaler Monogamie neigen.

7.3.5 Gelegegröße

Der Gelegegröße kommt in zahlreichen, vor allem populationsökologischen Modellen eine große Bedeutung zu (vgl. LACK 1954, PERRINS 1979, O´CONNOR 1984). Sie sollte an das Nahrungsangebot, das während der Jungenaufzucht zu erwarten ist, sowie die Fütterkapazität der Eltern ideal angepasst sein. Die Gelegegrößen der Blaumeise aus verschiedenen Regionen (siehe Tab. 9) scheinen diesen Modellvorstellungen nur teilweise zu entsprechen.

Aus den Daten lassen sich mehrere Trends ableiten. Generell scheint der Lebensraum einen der wichtigsten Faktoren darzustellen. Dies kann man mit größter Wahrscheinlichkeit auf die unterschiedliche Verfügbarkeit von Beutetieren zurückführen. Höchste Eizahlen wurden in sommergrünen Eichenwäldern festgestellt. Innerhalb dieses Lebensraumtyps besteht eine Tendenz zu kleineren Gelegen entlang eines Nord-Süd-Gradienten (siehe Abb. 24; vgl. ISENMANN 1987).

Geringere Gelegegrößen treten in Nadelwäldern und immergrünen Laubwäldern auf. Hier ist das Nahrungsangebot zwar deutlich geringer, dafür aber jahreszeitlich wesentlich kontinuierlicher vorhanden als in sommergrünen Wäldern. Die geringsten Gelegegrößen in Großbritannien und Mitteleuropa wurden in Gärten, Parks und anderen städtischen Biotopen festgestellt. Dies ist auf die ungünstige Nahrungssituation in derartigen Lebensräumen zurückzuführen, die aber nicht nur durch die grundsätzlich geringeren Insektenvorkommen entsteht. Durch die starke Nutzung von fremdländischen Gehölzen bei der Gartengestaltung sind manche Bereiche praktisch insektenfrei (vgl. BERRESSEM et al. 1983).

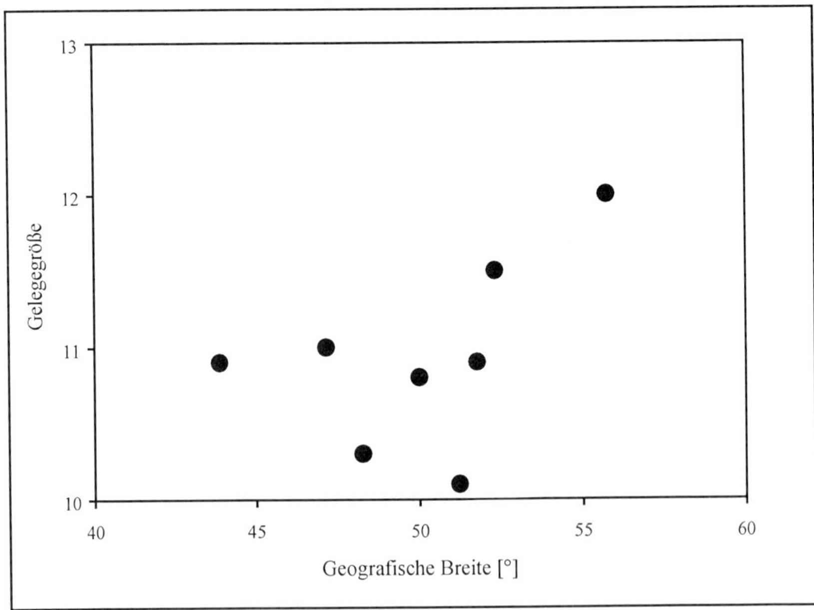

Abb. 24: Abnahme der Gelegegröße entlang eines Nord-Süd-Gradienten in sommergrünen Eichenwäldern. Nach Daten aus ISENMANN (1987), GLUTZ & BAUER (1993).

Tab. 9: Gelegegrößen von Blaumeisen aus verschiedenen Untersuchungsgebieten. Quellen: 1 – HILDÉN (1982); 2 – KÄLLANDER (1983); 3 – LOVE (1981) in CRAMP & PERRINS (1993); 4 – PERRINS (1979); 5 – DELMÉE et al. (1972); 6 – BERNDT et al (1983); 7 – NESSING in GLUTZ & BAUER (1993); 8 – SCHMIDT & EINLOFT-ACHENBACH (1984); 9 – NEUB (1977); 10 – FÖGER (1991); 11 – GLUTZ & BAUER (1993); 12 – LECLERCQ (1975); 13 – ISENMANN (1987); 14 – GIL-DELGADO et al. (1992); 15 – BAOUAB (1983); 16 – MOALI et al. (1992); 17 – REUL (1995); 18 – KIZIROĞLU (1982).

Gebiet	Lebensraum	Gelege-größe	n	Quelle
Südwestfinnland	Mischwald	11,3	249	1
Südschweden	Eichenwald	12,0	82	2
Isle of Rhum vor Schottland	offener Mischwald	9,1	30	3
Südengland	Eichenwald	10,9	-	4
	Mischwald	9,7	-	4
	Gärten	8,8	-	4
Südbelgien	bodensaurer Eichenwald	10,8	170	5
Norddeutschland	Eichenwald	11,5	260	6
Berlin	Kiefernwald mit Laubholzbeimischung	9,0	210	7
Mittelhessen	Laubmischwälder	10,5	117	8
Frankfurt/M.	Parks und Gärten	9,2	150	8
Süddeutschland	Eichenwald	10,3	446	9
Westösterreich	Parklandschaft, Mischwald	9,9	32	10
Schweiz	Auwälder, Ufergehölze	9,6	70	11
	Mischwälder	9,5	136	11
	Nadelwälder	9,2	13	11
	Laubwald	9,1	42	11
Nordfrankreich	Eichenwald	11,0	112	12
Südfrankreich	Flaumeichenwald	10,9	41	13
	Flaumeichenwald, höhere Lage	10,0	38	13
	Zedernwald	8,8	94	13
	Buchenwald	7,7	46	13
	Steineichenwald	8,1	97	13
	Mischwald, Flaum- und Steineiche	9,5	30	13
Korsika	Steineichenwald	6,2	151	13
	Mischwald, Korsische Schwarzkiefer und Buche	6,3	6	13
Ostspanien	Steineichenwald	6,6	97	14
Marokko	Korkeichenwald	6,8	42	15
	Atlaszedernwald	6,7	34	15
Algerien	Korkeichenwald	6,4	38	16
	Steineichen-Atlaszedernwald	5,4	60	16
Teneriffa	Kanarenkiefernwald	3,5	20	13
	Lorbeerwald	3,7	31	17
Türkei	Bergmischwald	8,6	30	18

Im Vergleich mit anderen aus Mitteleuropa bekannten Daten lagen auch die Werte aus Westösterreich im unteren Drittel und dies trotz des hohen Eichenanteils unserer Untersuchungsflächen. Dafür könnte zum einen die parkähnliche Gestaltung (PERRINS 1979), zum anderen die inneralpine Lage des Untersuchungsgebietes (MATTES 1988) verantwortlich sein.

Die Situation in immergrünen Steineichenwäldern ist mit jener von Nadelgehölzen vergleichbar, allerdings scheint die Abstimmung von Gelegegröße und Insektengradation in diesem Habitat am besten verwirklicht (vgl. BLONDEL 1985).

Die geringsten Gelegegrößen treten in Nordafrika und insbesondere auf den Kanarischen Inseln auf. Neben den relativ insektenarmen Lebensräumen dürfte dabei auch die genetische Prädisposition dieser Unterartengruppe eine Rolle spielen, sodass Vergleiche mit Gelegegrößen der *caeruleus*-Gruppe unzulässig erscheinen (vgl. ISENMANN 1987).

Schon frühe populationsbiologische Studien geben an, dass die Gelegegröße bei steigender Siedlungsdichte zurückgeht (LACK 1954, 1966). Die Ursachen dafür wurden jedoch kontrovers beurteilt. DHONDT et al. (1992) konnten empirisch und experimentell nachweisen, dass dieser Effekt durch die Heterogenität der Habitate bedingt ist. In einheitlichen Lebensräumen tritt er nicht auf. In heterogenen dagegen bleiben bei geringer Siedlungsdichte qualitativ minderwertigere Lebensräume unbesetzt, während sie bei hoher Siedlungsdichte zwangsläufig genutzt werden. Es nimmt nicht die Gelegegröße in den »guten« Revieren ab, sondern jene in minderwertigeren ist niedriger und senkt damit den Mittelwert (DHONDT et al. 1992). Daher ist auch der Zusammenhang Gelegegröße – Siedlungsdichte eigentlich ein Effekt des Lebensraumes. Die neueren Untersuchungen bestätigen im Gegensatz zu den LACK´schen Hypothesen die Ansichten von ANDREWARTHA & BIRCH (1954), die bereits damals von unterschiedlichen Revierqualitäten ausgingen.

7.3.6 Zweit- und Ersatzgelege

In den meisten Blaumeisenlebensräumen stellen Zweitbruten die Ausnahme dar und treten nur mit einer Häufigkeit von wenigen Prozent auf. An einem umfangreichen Datenset von fast 600 Erstbruten konnte LÖHRL (1970) nur 4 % feststellen. Noch geringere Raten ermittelten DHONDT et al. (1990) mit 2 und HUDDE in GLUTZ & BAUER (1993) mit lediglich 0,5 %. Verstärktes Auftreten von Zweitbruten scheint eher die Ausnahme zu sein und kommt nur unter bestimmten Bedingungen bzw. in bestimmten Lebensräumen vor. DELMEE et al. (1972) ermittelten bei sehr geringer Siedlungsdichte in einem Eichenwald 38 %; in diesem Fall teilten sich wenige Bewohner viel Nahrung. In

Südfinnland liegt die durchschnittliche Rate bei 10 %, was an der gleichmäßigen Verteilung des Insektenangebotes in nördlichen Lebensräumen liegen dürfte (HILDÉN 1982). Dasselbe gilt für Misch- und Nadelgehölz-dominierte Wälder, in denen Zweitbruten generell vermehrt auftreten. In niederländischen Mischwäldern wurde eine Häufigkeit von 9,6 %, in Kiefernwald von 37 % ermittelt (VAN BALEN & POTTING 1990). WINKEL (1975) fand in einer kleinen Stichprobe (19 Erstbruten) aus einer Aufforstungsfläche mit Japanischer Lärche (*Larix leptolepis*) 58 % Zweitbruten. Hier könnte nicht nur der Lebensraum, sondern auch der außergewöhnliche frühe Legebeginn der Erstbruten eine Rolle gespielt haben, der den Vögeln eine Zweitbrut zeitlich ohne Probleme (Überschneidung mit der Vollmauser) erlaubt. Auch für Teneriffa sind Zweitbruten nachgewiesen (GLUTZ & BAUER 1993), auf den Kanarischen Inseln jedoch verläuft die Brut zu einem beträchtlichen Teil nicht saisonal, sodass eine Unterscheidung von Erst- und Zweitbruten nicht immer möglich ist.

Der im Vergleich zu der nahe verwandten Kohlmeise und der im Hinblick auf die Körpergröße ähnlichen Tannenmeise geringe Anteil an Zweitbruten ist auf die wesentlich höheren Aufwendungen der Blaumeise für die Erstbrut zurückzuführen. Da die Vollgelegemasse jene der Weibchen bei weitem übersteigt, ist es nur für ausgewählte Individuen unter günstigen Nahrungsbedingungen möglich, in einer Saison zwei Gelege zu produzieren.

Nach Literaturangaben (siehe Zusammenfassung in GLUTZ & BAUER 1993) sind auch Ersatzbruten vergleichsweise selten. Dazu wurden jedoch zwei Ausnahmen bekannt: WINKEL (1975) fand in der erwähnten Lärchenaufforstung 60 % Ersatzbruten und in einem Untersuchungsjahr wurden nach einem späten Wintereinbruch bei Innsbruck gar 100 % festgestellt (FÖGER 1991). Die normalerweise wesentlich geringeren Raten könnten nach WINKEL (1975) auch auf die Abwanderung von Altvögeln nach misslungener Erstbrut zurückzuführen sein.

7.3.7 Unterbrechungen in der Legefolge

In der Regel legen Blaumeisen nach dem ersten Ei jeden Tag ein weiteres bis das Gelege vollständig ist. Dazu braucht es eine kontinuierliche Eiproduktion, die mit einem beträchtlichen energetischen Aufwand verbunden ist. Durch das sehr regelmäßige Balzfüttern wird die Nahrungssuche für die Weibchen erleichtert. Dennoch kann es unter ungünstigen Bedingungen schwierig werden, genügend Beute zu finden. Daher treten bei verschiedenen Meisenarten mehr oder weniger regelmäßig Unterbrechungen in der üblichen Legefolge auf. SCHMIDT & HAMANN (1983) geben einen sehr ausführlichen Überblick zu diesem Thema mit einem Schwerpunkt auf ihren Ergebnissen aus Mittelhessen. Dabei zeigte sich, dass im Mittel 37 % der Blaumeisenweibchen Legepausen einschieben. Dies ist häufiger als bei allen anderen untersuchten Höhlenbrütern. Zwischen verschiedenen Jahren zeigten sich deutliche Unterschiede; der Anteil der Weibchen mit Legeunterbrechungen schwankte zwischen 24 und 60 %. Ein wesentlicher Faktor scheint die Temperatur während der Legeperiode zu sein; bei tieferen Durchschnittstemperaturen waren Legepausen signifikant häufiger. Ähnliches konnte bereits WINKEL (1970) feststellen. Weiter dürfte das aktuelle Nahrungsangebot eine Rolle spielen. Verstärkte Legeunterbrechungen konnten wir in unseren Untersuchungsgebieten besonders bei Schneefall beobachten. Ihre Dauer ist unterschiedlich und kann im Stück zwischen ein und acht, bis zum Erreichen des Vollgeleges insgesamt bis zu zehn Tage betragen. Am häufigsten treten Pausen nach Ablage des ersten Eis auf, können in geringerer Zahl jedoch während der gesamten Legephase vorkommen. Es besteht kein Zusammenhang mit dem Alter der Tiere. Auch Einflüsse der Weibchenmasse sowie der endgültigen Gelegegröße lassen sich nicht nachweisen. Auf die Schlüpfrate wirken sich die Unterbrechungen nicht negativ aus.

7.4 Die Bebrütung

Die Bebrütung erfolgt bei der Blaumeise wie bei den anderen Arten der Gattung *Parus* ausschließlich durch die Weibchen. Das Männchen verteidigt in dieser Zeit das Revier und setzt das Balzfüttern fort.

7.4.1 Brutbeginn

Eine konstante Bebrütung beginnt in den meisten Fällen erst mit der Ablage des letzten Eies (CRAMP & PERRINS 1993, GLUTZ & BAUER 1993). Abweichungen kommen immer wieder vor; so kann die Bebrütung bis zu drei Tage vor oder erst vier Tage nach der letzten Eiablage einsetzen. Bei späten Bruten ist tendenziell ein früherer Zeitpunkt häufiger (NEUB 1977). Da die Weibchen in der Legeperiode in den Bruthöhlen übernachten, kommt es immer wieder zu leichten Temperaturanstiegen, die sich allerdings auf das unvollständige Gelege nur wenig auswirken, da die Eier mit Polstermaterial bedeckt werden. Dennoch dürften erste Schritte der Embryogenese bereits in diesem Stadium stattfinden (vgl. Kap. 7.5.1).

7.4.2 Brutdauer

Die Dauer der Bebrütung vom Beginn bis zum Schlüpfen der ersten Jungen wird in der Literatur mit 12 bis 17 Tagen angegeben (CRAMP & PERRINS 1993, GLUTZ & BAUER 1993), wobei die Extremwerte nur in Einzelfällen beobachtet wurden. Die Bebrütung größerer Gelege nimmt im Durchschnitt etwas mehr Zeit in Anspruch. Mitunter kommt eine weit über das normale Maß hinausgehende Dauer vor; Weibchen auf unbefruchteten Eiern harren bis zu 30 Tage aus (GLUTZ & BAUER 1993). Ähnlich lange Bebrütungszeiten wurden auf leeren Nestern festgestellt. Für dieses Verhalten gibt es verschiedene Gründe: So können z.B. Eier ohne Schale gelegt werden, die vertrocknen und kaum Spuren hinterlassen oder die Eier werden geräubert, wenn das Weibchen bereits hormonell in starker Brutstimmung ist. Dieses seit langem bekannte Phänomen trat in Deutschland während der zweiten Hälfte der 1980er Jahre deutlich vermehrt auf (WINKEL & HUDDE 1990, vgl. auch parallel verlaufende Daten zur Kohlmeise in SCHMIDT & ZITZMANN 1990). Für diese Störung wurde mit einzelnen Ausnahmen (Weibchen mit bakteriellen bzw. viralen Infektionen) keine Erklärung gefunden. Zu Beginn der 1990er Jahre war diese Häufung wieder vorüber.

7.4.3 Eistoffwechsel

Die im Ei heranwachsenden Vogelembryonen benötigen wie alle anderen Wirbeltiere für ihren Stoffwechsel eine ausreichende Menge Sauerstoff. Die Atmung findet durch die Poren der Eischale hindurch statt und verläuft zunächst über die Chorioallantois und im letzten Teil der Entwicklung über die bereits ausgebildete Lunge (detaillierte Übersicht in BEZZEL & PRINZINGER 1990).

Der durchschnittliche Gesamtsauerstoffverbrauch während der Embryogenese der Blaumeise beträgt 72,3 ml O_2 pro g Frischeimasse. Der Verlauf des Verbrauchs lässt sich mathematisch am besten durch eine multivariable (polynome) Regression beschreiben (siehe Tab. 10). Im Detail betrachtet ergibt sich für die Blaumeise Ähnliches wie für andere Kleinvögel bzw. altriciale Vogelarten (Nesthocker; vgl. OP DE HIPT & PRINZINGER 1992): Der Sauerstoffverbrauch steigt bei zusammengefasster Darstellung der Daten mehrerer Individuen kontinuierlich exponentiell an, mögliche Details des Verlaufes gehen »verloren« (Abb. 25). Erst bei der Betrachtung individueller Messwerte werden solche Details erkennbar. Dann zeigt sich auch eine Plateauphase des Sauerstoffverbrauchs, die bei altricialen Arten bisher nur selten beschrieben wurde und auf die Umstellung der Atmung von der Chorioallantois auf die Lunge und ein kurzfristig vermindertes Körperwachstum zurückzuführen ist.

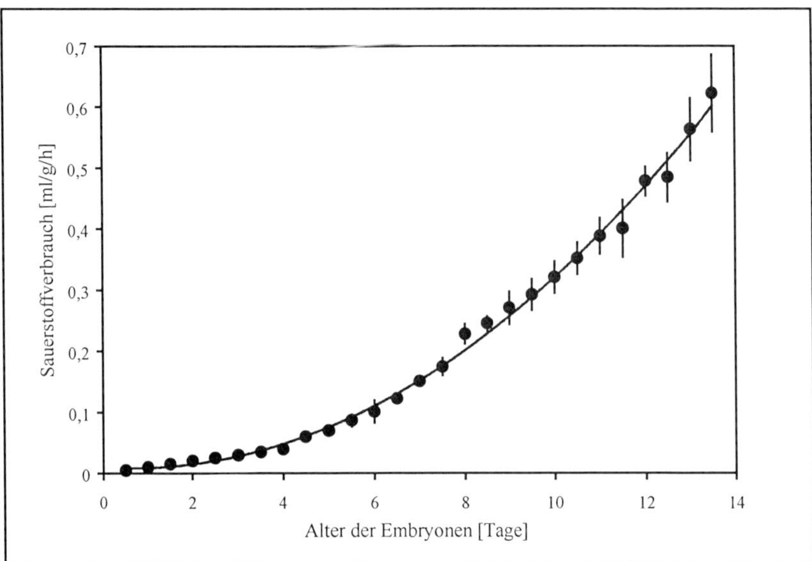

Abb. 25: Sauerstoffverbrauch von Blaumeisenembryonen. Die Kreise zeigen Halbtagesmittelwerte ± Standardabweichung, die durchgezogene Linie ist das angepasste Polynom $y = -0{,}002 - 0{,}0004x + 0{,}003x^2 - 0{,}00002x^3$ (195 Messungen an zwei Eiern).

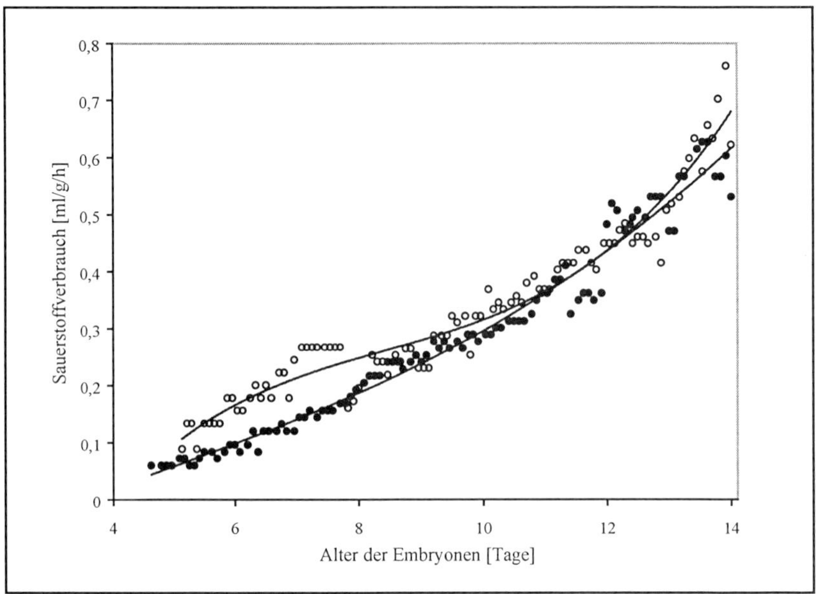

Abb. 26: Sauerstoffverbrauch (Einzelmesswerte und angepasste Polynome) von zwei geschlüpften Blaumeiseneiern.

Tab. 10: Anzahl der Messungen (n), Gleichungen der Polynome, Korrelationskoeffizient (R^2) und Gesamtsauerstoffverbrauch für zwei geschlüpfte Blaumeiseneier (vgl. FÖGER 2001).

Ei	n	Polynom y = ...	R^2	Gesamtsauerstoff-verbrauch [ml O_2 g^{-1}]
2	100	$-0{,}007 - 0{,}0002x + 0{,}003x^2 - 0{,}00003x^3$	0,97	64,72
6	95	$-0{,}024 + 0{,}055x - 0{,}006x^2 - 0{,}0004x^3$	0,94	79,80

Tab. 11: Sauerstoffverbrauch von Vogelembryonen mit vergleichbarer Frischeimasse wie Blaumeisen. M_e Frischeimasse [g]; I Bebrütungszeit [Tage] % I Anteil an nach Eimasse zu erwartender Bebrütungszeit, berechnet nach der Formel $I = 12{,}03 * M_e^{0{,}217}$ (RAHN & AR 1974); PIP VO_2 Sauerstoffverbrauch vor der Umstellung auf Lungenatmung (ml Sauerstoff pro Tag); % PIP-VO_2 Anteil an nach Frischeimasse zu erwartendem PIP-VO_2, errechnet nach der Formel PIP-$VO_2 = 24{,}9 * M_e^{0{,}645}$ für altriciale Vogelarten (BUCHER 1983). VO_2 total Gesamtsauerstoffverbrauch [ml pro g]. Quellen: 1 – FÖGER (2001); 2 – SCHMIDT (1990); 3 – BERGER & FÖGER (unpubl.); 4 – VLECK et al. (1979); 5 – KENDEIGH (1941); 6 – BIRCHARD & KILGORE (1980); 7 – BUCHER (1983).

Art	M_e	I	% I kalk.	PIP-VO_2	% PIP-VO_2 kalk.	VO_2 total	Quelle
Kohlmeise	1,8	14	102	22	60	65	1
	1,5	14	107	25	77	100	2
Blaumeise	1,3	14	110	23	78	72	1
	1,0	14	116	20	80	126	2
Zebrafink *Taenopygia guttata*	1,1	14	114	20	76	100	3
	0,9	14	119	20	86	96	4
Textorweber *Ploceus cucullatus*	2,8	12	80	56	116	79	4
Haus-Zaunkönig *Troglodytes aedon*	1,5	12	91	32	99	-	5
Uferschwalbe *Riparia riparia*	1,5	15	114	35	108	-	6
Rauchschwalbe *Hirundo rustica*	1,8	15	110	42	115	-	6
Wellensittich *Melopsittacus undulatus*	2,6	18	122	36	78	101	7

Bei der Einzeldarstellung der beiden geschlüpften Eier zeigt sich bei beiden Embryonen eine schwache Plateauphase des embryonalen Sauerstoffverbrauchs (Abb. 26).

Die ermittelten Werte des embryonalen Sauerstoffverbrauchs zeigen große Übereinstimmungen mit jenem der Kohlmeise. Zum Zeitpunkt des internal pipping (= Umstellung auf Lungenatmung) ist der Sauerstoffverbrauch der Blaumeise etwas höher als jener der Kohlmeise. Diese geringfügigen Unterschiede dürften vor allem auf die unterschiedliche Frischeimasse zurückzuführen sein. Die untersuchten Eier der Kohlmeise sind immerhin um fast 40 % schwerer als jene der Blaumeise.

Es fällt auf, dass die in unserer Arbeit gewonnenen Ergebnisse zum embryonalen Stoffwechsel von Meisen von denen früherer Untersuchungen abweichen. Die von SCHMIDT (1990) ermittelten Sauerstoffverbrauchswerte liegen deutlich über jenen der Innsbrucker Untersuchungen und würden die Meisen als im Embryonalstoffwechsel durchschnittliche Vogelgruppe charakterisieren. Die Autorin der erwähnten Arbeit räumt jedoch ein, dass bei ihren Untersuchungen einige Probleme aufgetreten sind: Die Schlüpfrate der gemessenen Eier war außerordentlich gering (< 10 %); Datenerfassungen mit zwei verschiedenen Geräten erbrachten unterschiedliche Ergebnisse. Zudem erfolgte nur höchstens eine tägliche Kontrolle. BUCHER et al. (1986) konnten jedoch bei Langzeitmessungen an Eiern des Adeliepinguins (*Pygoscelis adeliae*) zeigen, dass gegen Ende der Bebrütungszeit die Aktivitätswerte 1,2- bis 3,3mal höher sind als jene in Ruhesituationen. Mit Verweis auf diese Arbeit räumt auch SCHMIDT (1990) ein, dass zumindest in der letzten Bebrütungsphase die Möglichkeit besteht, dass der Sauerstoffverbrauch der Meiseneier ständig überschätzt wurde. Dies spielt umso mehr eine Rolle, als Meisen unter die kleinsten bisher untersuchten Vogelembryonen fallen und sich daher bereits geringe Messfehler entscheidend auf den ermittelten Wert auswirken können.

Unter den Vögeln mit vergleichbarer Eimasse (siehe Tab. 11) zeigt nur der Textorweber einen ähnlich niedrigen embryonalen Gesamtsauerstoffverbrauch wie Kohl- und Blaumeise. Im Gegensatz zu den beiden Meisenarten, bei denen der Verbrauch in beiden Phasen der Embryogenese – vor bzw. nach dem internal pipping – erniedrigt ist, betrifft diese Absenkung beim Weber nur die Periode danach. Auch im Vergleich mit bisher publizierten Daten sind diese Sauerstoffverbrauchswerte ganz am untersten Rand der Skala zu finden (vgl. BERGER et al. 1994). Die Gründe für diese energetisch sparsame Embryogenese sind aufgrund des vorhandenen Datenmaterials noch nicht eindeutig zu beantworten. Zwei mögliche Erklärungen fallen jedoch auf: Zum einen könnte der niedrige Sauerstoffverbrauch des Textorwebers auf die sehr kurze Bebrütungszeit (nur 80 % der nach größenabhängigen Beziehungen erwarteten Bebrütungsdauer) zurückzuführen sein (vgl. auch ähnlich niedrige Werte bei Reihern und beim Buntspecht; VLECK et al. unpubl., BERGER et al. 1994). Für den niedrigen Sauerstoffverbrauch der Meisen könnte eine Anpassung an das Höhlenbrüten verantwortlich sein. Meisen zeigen als sekundäre Höhlenbrüter zwar noch viele Merkmale der ursprünglichen Offenbrüter, sind jedoch in vielen Belangen bereits weitestgehend an das Brüten in Höhlen adaptiert. Wahrscheinlich betrifft dies auch physiologische Merkmale, etwa die Anpassung an ungünstige mikroklimatische Verhältnisse in Bruthöhlen mit geringem Sauerstoff- und hohem Ammoniumgehalt der Luft (vgl. ERBELDING-DENK & TRILLMICH 1990). Ähnliche Hinweise erbrachten interspezifische Vergleiche höhlen- bzw. nichthöhlenbrütender Schwalben (Birchard & Kilgore 1980). Auch der niedrige Sauerstoffverbrauch des Buntspechts könnte ein Hinweis auf eine derartige Anpassung sein und steht zudem, wie oben erwähnt, sicher mit der sehr kurzen Bebrütungszeit in Verbindung. Bemerkenswert sind jedoch die im Vergleich zu Meisen hohen Umsatzraten von Papageienembryonen (Bucher 1983), und das, obwohl Papageien zu den primären Höhlenbrütern zu rechnen sind. Die Bebrütungszeit der Papageien liegt allerdings überdurchschnittlich hoch; ihr Einfluss könnte den des Höhlenbrütens überwiegen bzw. zumindest verdecken. Die Frage des Einflusses der Brutökologie, insbesondere des Höhlenbrütens, auf den Energiestoffwechsel während der Embryogenese von Vögeln ist noch nicht allgemein gültig zu beantworten. Verschiedenste Brutstrategien können bei unterschiedlichen Vogelgruppen zu erfolgreichen Anpassungen führen. So gibt es etwa Höhlenbrüter mit verkürzter Bebrütungszeit und niedrigem Sauerstoffverbrauch (z.B. Buntspecht; Berger et al. 1994), solche mit durchschnittlicher Bebrütungszeit und niedrigem Sauerstoffverbrauch (Meisen), aber auch Arten mit verlängerter Bebrütungszeit, aber nur durchschnittlichem Sauerstoffverbrauch (Papageien). Daher erscheinen weitere ökophysiologische Untersuchungen angebracht.

7.4.4 Verhalten während der Bebrütung

Nur weibliche Blaumeisen kümmern sich um die Bebrütung, werden allerdings in dieser Zeit von ihrem Männchen gefüttert. Brutphasen und Aufenthalte außerhalb der Nisthöhle wechseln sich ab. Über den zeitlichen Rhythmus liegen nur einige Daten vor. Eigene Untersuchungen zeigten, dass an den letzten Bebrütungstagen die mittlere Aufenthaltszeit auf den Eiern bei 26 Minuten lag, während die Perioden außerhalb der Nistkästen durchschnittlich 10 Minuten dauerten. Die Lufttemperatur hatte dabei einen entscheidenden Einfluss. Bei tieferen Temperaturen verlängerten sich die Brutintervalle zu Ungunsten der Aufenthalte im Freien. Neben dem Brüten sorgt das Weibchen im Nistkasten auch dafür, dass das Nest in gutem Zustand bleibt. Der Nestboden wird regelmäßig gezupft und durchgerüttelt. Vor dem Ausfliegen bedecken die meisten Weibchen die Eier mit Polstermaterial, doch muss dies nicht immer der Fall sein. Einen Einfluss der Temperatur auf das Bedecken konnten wir nicht feststellen.

Außerhalb der Bruthöhle zeigen die Weibchen zunächst meist Komfortverhalten; das Groß- und Kleingefieder wird in Ordnung gebracht. Auch wird häufig Kot abgesetzt. Danach erfolgt eigene Nahrungssuche bzw. Balzfüttern durch das Männchen. Zusätzlich kommt es immer wieder zu anderen sozialen Kontakten mit dem Männchen, selten noch zu weiteren Kopulationen. In dieser Phase ziehen sich die Weibchen von möglichen Revierstreitigkeiten zurück.

7.5 Der Schlupf

Das Schlüpfen ist eine der »aufregendsten« Phasen im gesamten Brutgeschehen. Es ergeben sich nicht nur entscheidende Veränderungen für den heranwachsenden Nachwuchs, auch im Verhalten der Altvögel muss sich nun vieles ändern.

7.5.1 Asynchrones Schlüpfen

Bei vielen Singvogelarten mit großen Gelegen schlüpfen die Jungen im Gegensatz zu den meisten Nestflüchtern nicht in sehr kurzen Abständen, sondern über einen längeren Zeitraum verteilt (CLARK & WILSON 1981, O´CONNOR 1984, THALER 1990). Diese Asynchronität des Schlüpfens ist gerade bei Meisen sehr deutlich ausgeprägt und hat im Wesentlichen zwei Ursachen. Einerseits übernachten die Weibchen schon in der Legephase in den Bruthöhlen und erwärmen so das relativ kleine Luftvolumen (LÖHRL 1986). Die Eier werden in dieser Zeit aber noch nicht richtig bebrütet. Andererseits wird gelegentlich vor der Ablage des letzten Eies mit der Vollbrut begonnen (PERRINS 1979, LÖHRL 1986). Diese Verhaltensweisen führen dazu, dass die Entwicklung früher gelegter Eier innerhalb einer Brut schon begonnen hat, bevor das Gelege vollständig ist. Zu ähnlichen Ergebnissen führten Beobachtungen und Messungen an Bruten von Sommer- und Wintergoldhähnchen (HAFTORN 1978, 1986, THALER 1990).

Bei Blaumeisen mit ihren großen Gelegen ist das asynchrone Schlüpfen besonders deutlich ausgeprägt. In der Regel zieht sich der Schlupf über 2 bis 3 Tage hin. Nur selten kommen alle Nestlinge einer Brut am selben Tag aus dem Ei, Schlupfe über vier Tage kommen ebenfalls vor (GLUTZ & BAUER 1993).

Inwieweit der zuvor erwähnte Entwicklungsvorsprung früh gelegter Eier erhalten bleibt, wird unterschiedlich eingeschätzt. WINKEL (1970) gibt an, dass sich Lege- und Schlüpffolge der frühen Eier kaum, der später gelegten etwas besser entsprechen. FLICK & HUMMER (1987) stellten das Gegenteil fest. Eigene Untersuchungen in einem wesentlich feineren zeitlichen Kontrollraster erbrachten für alle Eier eines Geleges eine hochsignifikanten Korrelation (Abb. 27; vgl. FÖGER 1993 a).

Durch das asynchrone Schlüpfen wird der Grundstein für mögliche spätere Reduktion der Brut gelegt. Schon LACK (1954) postulierte, dass Altvögel die Anzahl ihrer Nachkommen an die entsprechenden Nahrungsbedingungen adaptieren sollten. Dies geschieht einerseits durch Anpassungen in der Gelegegröße (siehe Kap. 7.3.5), andererseits aber auch durch die gezielte verstärkte Fütterung fitterer Nestlinge. Das asynchrone Schlüpfen führt zu einer Größenstaffelung der Jungen; in Nahrungsmangelsituationen werden die Nesthäkchen (LÖHRL 1968) nicht mehr gefüttert und sterben, sodass ausreichend Nahrung für die überlebenden Jungen zur Verfügung gestellt werden kann (Übersicht über diese sogenannte »Nichtaggressive Brutreduktion« in CLARK & WILSON 1981). Die Konsequenzen dieses Phänomens bei der Blaumeise hat NUR (1984 a, b) experimentell untersucht und etliche der vorhergesagten Aspekte bestätigt.

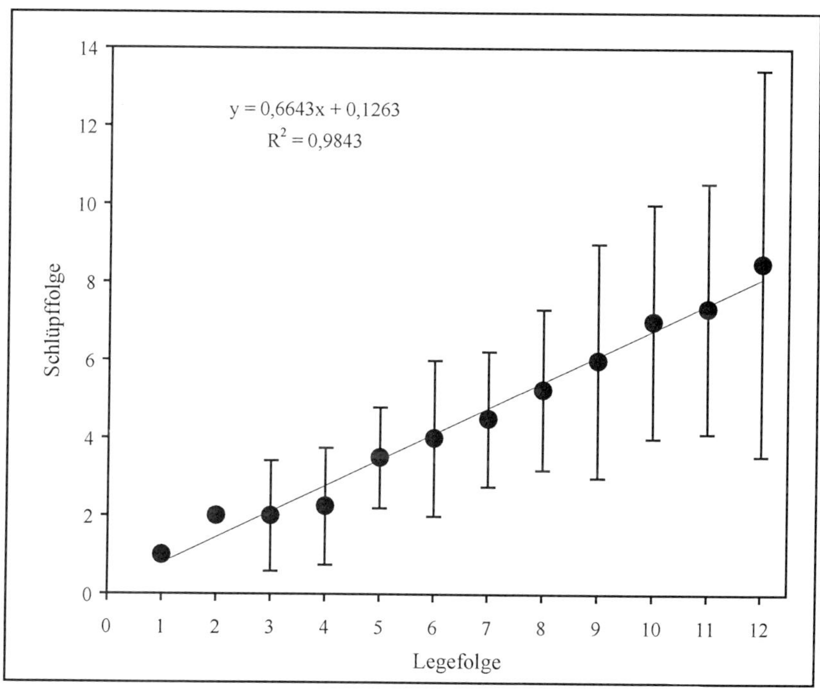

Abb. 27: Zusammenhang zwischen Lege- und Schlüpffolge bei der Blaumeise (nach FÖGER 1993 a).

7.5.2 Verhalten der Altvögel während der Schlupfphase

Kurz vor Beginn des Schlüpfens ändert sich das Verhalten der Weibchen. Sie werden zusehends unruhiger und halten sich zum Teil nur mehr für wenige Minuten in den Bruthöhlen auf. Eine Mithilfe des Weibchens beim Schlüpfakt kommt nicht vor; die Jungen müssen die Eihäute und -schalen aus eigener Kraft aufbrechen.

Nachdem die ersten Jungen geschlüpft sind, stellt sich wiederum ein neuer Rhythmus ein. Die Aufenthaltszeiten am Nest erhöhen sich zwar wieder, die Brut- bzw. Huderphasen erreichen aber nicht mehr die Dauer des Vollbrütens.

Die mittlere Brut-/Huderzeit beträgt 17,5 Minuten. Dies entspricht einem Rückgang gegenüber der Vollbrut um 32,7 % (siehe Tab. 12). Sehr ähnliche Werte ergeben sich für andere Kleinvögel (vgl. etwa LÖHRL (1957), Kleiber; DECKERT (1964), Kohlmeise; THALER (1990), Sommer- und Wintergoldhähnchen). Die Huderpausen sind ebenfalls kürzer als die Brutpausen.

Tab. 12: Verhaltensrhythmik von Blaumeisen-Weibchen in der späten Bebrütungs- und in der Schlüpfphase. Alle Zeitangaben in Minuten.

Brutphase	Brutintervalle			Pausen		
	min	max	Mw	min	max	Mw
späte Bebrütung	9	46	26,0	1	11	6,5
Schlupf	1	55	17,5	1	10	4,0

Während längerer Aufenthalte in der Bruthöhle werden die Weibchen von den Männchen regelmäßig mit Nahrung versorgt. Die Fütterungen erfolgen dabei zum überwiegenden Teil in der Höhle. Zum Zeitpunkt des Schlüpfens kommt es vor, dass Männchen innerhalb einer Minute mehrmals ein- und wieder ausfliegen. Dieses Verhalten macht den Eindruck, als wollten sich die Männchen »vergewissern«, ob schon Junge geschlüpft sind. In jedem Fall ist bei beiden Eltern die Erregung in der Schlüpfphase stark erhöht, was sich an häufigen Übersprungsbewegungen und Scheinputzen äußert.

7.5.3 Schlüpfrate

Nach Auswertung verschiedenster Literaturangaben ermittelten GLUTZ & BAUER (1993), dass aus 82 bis 92 % der gelegten Eier Junge ausschlüpften. Die geringsten Schlüpfraten wurden in städtischen Lebensräumen festgestellt. COWIE & HINSLEY (1987) führten dies auf die lange Abwesenheit der Weibchen zurück, die durch die schwierige Ernährungssituation bedingt war. Möglicherweise beeinträchtigt hier auch die Schwermetallbelastung der Eier die Schlüpfrate (BERRESSEM et al. 1983). In bodensauren Gebieten wirkt sich auch Kalkmangel negativ aus. Durch versauerte Niederschläge kann die Verfügbarkeit von Kalzium dort so stark reduziert sein, dass keine Gehäuseschnecken mehr vorkommen. Diese gelten jedoch als wichtige Kalklieferanten. Wenn sie fehlen, treten Defekte bei der Eischalenbildung auf (vgl. WEIMER 1994).

In manchen Fällen, in denen ein hoher Prozentsatz »unbefruchteter« Eier oder abgestorbener Embryonen ermittelt wurde, könnte die Messung der Eigröße zu minimalen Beschädigungen der Schale und damit zu einem anschließenden Absterben bzw. Austrocknen der Eier geführt haben. Bei besonders vorsichtigem Hantieren und Verwendung eischonender Außentaster für die Größenbestimmung wurden teilweise höhere Schlüpfraten erreicht (96,5 %, SCHMIDT 1983; 97,5 %, FÖGER 2001).

Neben direkten Einflüssen durch den Untersucher können auch massive Störungen im Nistplatzbereich zu einer geringen Schlüpfrate führen. Bei Umbauarbeiten in unserem Untersuchungsgebiet im Gelände des Alpenzoos sank der Wert für Bruten in diesem Bereich auf 66 bis 72 %. Dies lässt sich ebenfalls auf lange Abwesenheit der Weibchen zurückführen, die bei der Rückkehr von Brutpausen durch anwesende Menschen am Wiedereinfliegen gehindert wurden.

7.6 Die Nestlingszeit

7.6.1 Nestlingsdauer

Die Angaben zur individuellen Nestlingsdauer variieren beträchtlich und werden in erheblichem Maß durch die menschlichen Beobachter beeinflusst. Ungestörte Jungvögel bleiben in der Regel um einige Tage länger im Nest (PERRINS 1979), sodass auch der Untersucher einen teilweise nicht unerheblichen Einfluss auf die Nestlingszeit haben kann. Die Literaturangaben schwanken zwischen 16 und 22 Tagen (CRAMP & PERRINS 1993, GLUTZ & BAUER 1993). Überlebende Nesthäkchen aus zuletzt geschlüpften Eiern (LÖHRL 1968) fliegen im Durchschnitt früher aus als ihre begünstigten Nestgeschwister (GIBB 1950, FÖGER 1991). Einzelne leichtgewichtige Junge, die im Nest zurückbleiben, verlieren dagegen meist den Anschluss an ihre Familie und sterben in der Bruthöhle.

7.6.2 Fütterfrequenz, Huderzeiten

Der Begriff der Fütterfrequenz wurde von CURIO (1959) in das ornithologische Schrifttum eingeführt. Der Autor definiert sie als »die Zahl der Nestbesuche fütternder Altvögel in der Stunde«. Im Vergleich zu dem umfangreichen Datenmaterial, das an der Kohlmeise und anderen Höhlenbrütern gewonnen wurde (vgl. Übersicht in FÖGER 2001), liegen für die Blaumeise weit weniger Daten vor. Diese wurden zudem mit recht unterschiedlichen Methoden gewonnen, sodass ein Vergleich sehr häufig erschwert wird. Einen Überblick über ausgewählte Daten gibt Tab. 13. Da in einzelnen Arbeiten nur die Zahl der Anflüge eines oder mehrerer Beobachtungstage angegeben wurde, nahmen wir zur Berechnung der Fütterfrequenz die tägliche Zeit, in der gefüttert wird, mit 15 Stunden an. Dieser Wert dürfte für die erfassten Untersuchungsgebiete in West- und Mitteleuropa bei Berücksichtigung von Fütterpausen einen geeigneten Faktor darstellen (REICHHARDT 1980, MACE 1989). Die Anzahl der Jungvögel pro Brut ist das arithmetische Mittel, bestimmt über den gesamten Beobachtungszeitraum.

Tab. 13: Daten zur Fütterfrequenz von Blaumeisen. Quellen: 1 – GYURKO (1960); 2 – HUBLE (1960); 3 – GIBB & BETTS (1963); 4 – KEIL (1963); 5 – BLÜMEL (1976); 6 – COWIE & HINSLEY (1988); 7 – OFTRING (1989); 8 – FÖGER (1991); 9 – FÖGER (2001).

Anflüge/Stunde	Anflüge/Stunde und Jungvogel	Anzahl der Jungvögel	Brut	Quelle
35,7	2,97	12	1.	1
36,6	2,83	12,9	1.	2
34,3	4,29	8	1.	2
16,7	2,98	5,6	2.	2
–	2,8	–	1.	3
–	2,4	–	2.	3
61,8	4,75	13	1.	4
46,3	3,85	12	1.	4
34,2	3,8	9	1.	4
24,1	4	6	1.	5
50,9	6,4	8	1.+2.	6
22,1	2,76	8	1.	7
25,9	4,06	6,8	1.	8
25,5	6,94	5,3	1.	8
24,5	2,23	11	1.	9
28,5	2,38	12	1.	9

Die angeführten Daten zeigen eine beträchtliche Streuung der Fütterfrequenz und damit auch der durchschnittlichen Anzahl der Fütterungen pro Jungvogel. Mit der Anzahl der Jungvögel nimmt die eigentliche Fütterfrequenz signifikant zu (Abb. 28). Dies ist einerseits auf den höheren Futterbedarf, andererseits auf die stärkere Stimulation der Altvögel zurückzuführen.

Die Zahl der Fütterungen pro Nestling hingegen geht tendenziell sogar leicht zurück. Da das Futter mit größter Wahrscheinlichkeit nicht gleichmäßig auf alle Jungen verteilt wird, dürfte sich dieser Trend auf Nesthäkchen verstärkend auswirken. Allerdings verbrauchen Nestlinge individuenstärkerer Bruten weniger Energie, da sie gemeinsam ähnlich einem größeren Tier effizienter thermoregulieren (vgl. PERRINS 1979).

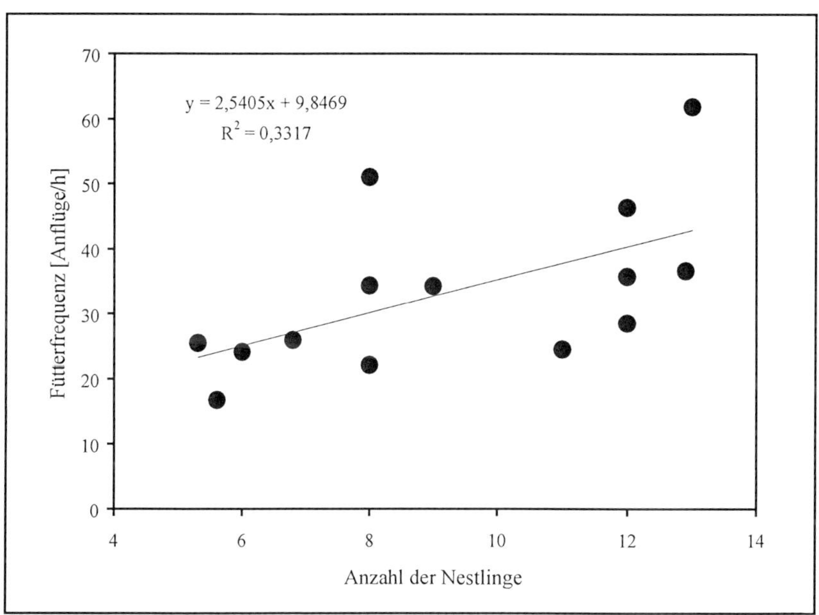

Abb. 28: Zusammenhang zwischen Anzahl der Nestlinge und der Fütterfrequenz. Datenquellen siehe Tab. 13.

Auch der Lebensraum hat Einfluss auf die Fütterfrequenz. Die beiden höchsten Anflugsraten pro Nestling (COWIE & HINSLEY 1988, FÖGER 1991) konnten in vom Menschen stark beeinflussten Lebensräumen mit künstlichen Futterquellen nachgewiesen werden. Sie spiegeln wohl den geringen Zeitbedarf der Altvögel bei der Nahrungssuche wider. Dies muss jedoch nicht unbedingt zu einem höheren Bruterfolg führen, da mitunter wenig geeignete Nahrung gesammelt und verfüttert wird (vgl. Kap. 6.2). In der Regel entfallen auf jeden Jungvogel 2 bis 4 Anflüge pro Stunde.

Die Fütterfrequenz steigt im Lauf der Nestlingsentwicklung mit dem größer werdenden Nahrungsbedarf an. Ein Maximum wird nach eigenen Beobachtungen und Literaturangaben (CRAMP & PERRINS 1993, GLUTZ & BAUER 1993) zwischen dem 11. und 15. Nestlingstag erreicht. Danach sinkt die Fütterfrequenz in der Regel wieder leicht ab und bleibt bis zum Ausfliegen auf einem etwas tieferen Niveau. Bei einigen Bruten mit ungewöhnlich langer Nestlingszeit konnten wir am Tag vor dem Ausfliegen einen stärkeren Abfall der Fütterleistung auf das Niveau des 6. bis 7. Nestlingstages feststellen.

Kurzfristige Veränderungen im Nahrungsbedarf der Jungvögel werden jedoch nicht nur über die Fütterfrequenz, sondern auch durch die Wahl unterschiedlicher Beute reguliert. Da Blaumeisen im Gegensatz zu einigen verwandten Arten auch kleine Arthropoden kaum bündeln, erfolgt zur Erhöhung der Energieversorgung eine gezielte Auswahl größerer Tiere (GRIECO 2001, 2002).

In den ersten Lebenstagen sind junge Blaumeisen nicht in der Lage, ihre Körpertemperatur konstant zu halten. Die Mutter muss durch Zufuhr ihrer Körperwärme die Temperatur in einem für die Nestlinge günstigen Bereich halten. Mit zunehmendem Alter wird die Homoiothermie der Jungvögel immer weiter verbessert, sodass ein Hudern schließlich nicht mehr notwendig ist. Bei Blaumeisen setzt die vollständige physiologische Wärmeproduktion zwischen 7. und 11. Tag (O´CONNOR 1984) ein. Dem entspricht auch das in der Literatur angegebene Ende der Huderperiode (auch nachts) am 10. Nestlingstag (PERRINS 1979, CRAMP & PERRINS 1993, GLUTZ & BAUER 1993).

Bei Untersuchungen zur Huderzeit erweisen sich Blaumeisen wie andere Höhlenbrüter als vergleichsweise schwer zu untersuchen, da man nur in speziell präparierte Bruthöhlen hineinsehen kann. Daher haben wir bei unseren Studien eine Definition für das Hudern gesucht. In Anlehnung an REICHARDT (1980) wurde jeder Aufenthalt der Weibchen im Nistkasten, der drei Minuten oder länger dauerte, als solches gewertet. Dabei ist allerdings zu bedenken, dass gerade in höherem Nestlingsalter relativ viel Zeit für die Reinhaltung des Nests aufgewendet wird. Solche Aufenthalte könnten als reines Hudern fehlinterpretiert werden (vgl. DECKERT 1964). Der Aufenthalt des Weibchens in der Höhle trägt allerdings auch dann zu einer Erhöhung der Umgebungstemperatur bei.

Der wesentlichste Faktor, der in unseren Untersuchungen die Huderaktivität der Weibchen beeinflusste, waren das Alter bzw. der Entwicklungsstand der Jungvögel. Von anfänglich etwa 40 % des Tages und 100 % der Nacht sank die Leistung bis spätestens zum 13. Nestlingstag auf Null ab. Dabei hat auch die Anzahl der Jungen einen beträchtlichen Einfluss auf die Huderzeit (THALER 1983, O´CONNOR 1984). Nestlinge kleiner Bruten benötigen pro Gewichtseinheit mehr Energie für die Thermoregulation als solche größerer Bruten und entwickeln sich dadurch langsamer (O´CONNOR 1984). Weniger Junge werden daher zumeist bis in höheres Alter gewärmt. Diese Phänomene waren bei Blaumeisen rund um Innsbruck immer wieder zu beobachten (vgl. FÖGER 2001).

Einflüsse der Temperatur auf die Huderzeit wurden schon wiederholt diskutiert. Dabei stellte sich zumeist heraus, dass diese in den ersten Lebenstagen der Jungen weitgehend temperaturunabhängig ist. Die Lufttemperatur beeinflusst erst zu einem späteren, je nach Art verschiedenen Zeitraum die Rhythmik des Huderns (vgl. z.B. CURIO 1959, THALER 1979, 1983). Eine Korrelation von Temperatur und Huderzeit ließ sich anhand unserer Daten für keinen Zeitabschnitt der Nestlingsphase nachweisen. Es steht aber außer

Zweifel, dass die Temperatur für das Wärmen älterer Nestlinge eine gewisse Rolle spielt, wenn auch nur an manchen temperaturmäßig extremen Beobachtungstagen. So sank etwa die Durchschnitttemperatur in mehreren Fällen vom 10. auf den 11. Nestlingstag um mehr als 7° C und erreichte damit zeitweilig fast den Gefrierpunkt. Diese Abkühlung ging mit einem Anstieg des schon fast eingestellten Huderns auf 18 bis 20 Minuten pro Stunde einher. Trotz einer Vielzahl derartiger Einzeldaten lässt sich der Zusammenhang statistisch nicht absichern.

Auch die Niederschlagsverhältnisse und damit einhergehend die Verfügbarkeit von Nahrung dürfte die Wärmphasen bei älteren Nestlingen beeinflussen (vgl. FÖGER 1991). Generell wirkt auch die Fütterfrequenz der Weibchen auf das Hudern, da ihnen für beides nur ein bestimmter Anteil an ihrem Zeitbudget zur Verfügung steht, der sich gegenseitig ausschließt (vgl. ROYAMA 1966). Daher spielt auch die Fütterleistung der Männchen indirekt eine Rolle.

7.6.3 Anteil der Männchen an der Jungenaufzucht

Die Rollenverteilung der Eltern während der Jungenaufzucht ist stark vom Alter der Nestlinge abhängig. Während die Weibchen in den ersten Lebenstagen der Jungvögel vor allem mit dem Hudern beschäftigt sind, leisten die Männchen den überwiegenden Teil der Fütterarbeit (vgl. DECKERT 1964, LÖHRL 1977, PERRINS 1979, REICHARDT 1980, OFTRING 1989). Dabei verfüttern die Männchen allerdings ihre Beute häufig nicht selbst, sondern übergeben sie in oder direkt vor der Bruthöhle an die Weibchen. Die Beteiligung des Männchens an der Fütterleistung kann fast 80 % erreichen (FÖGER 1991).

Mit zunehmendem Alter der Jungen ergaben sich bei unseren Untersuchungen deutliche Verschiebungen in Bezug auf die Beteiligung der Geschlechter. Der Anteil der Männchen sank generell ab, der Rückgang ging mit der reduzierten Huderleistung der Weibchen einher, denen damit mehr Zeit für die Nahrungssuche zur Verfügung stand. Ab dem 8. Nestlingstag ließen sich nach ihrem Anteil an der Fütterarbeit zwei Gruppen von Männchen unterscheiden. Bei einer lag die durchschnittliche Leistung um 50 %, bei der anderen deutlich niedriger zwischen 20 und 32 % aller Fütterungen. Nach Beobachtungen an farbberingten Individuen dürfte dieser extreme Unterschied auf das Sozialgefüge zurückzuführen sein. Männchen mit hohem Anteil zeigten keine Polygynie, während bei fast allen mit deutlich geringerer Leistung die Verpaarung mit zumindest einem zweiten Weibchen nachgewiesen wurde. Die beiden Bruten derartiger Männchen lagen in den nachgewiesenen Fällen zeitlich derartig versetzt, dass sich die Anfangsphasen, in denen die väterliche Beteiligung unbedingt notwendig ist, nicht überschnitten. Dennoch zeigten die einzelnen Bruten polygyner Männchen einen deutlich geringeren Erfolg als jene monogamer. Die Bedeutung der Blaumeisen-Männchen für eine erfolgreiche Jungenaufzucht darf auf keinen Fall unterschätzt werden. Meisen sind zwar in der Lage, in höherem Alter ihre Nachkommen alleine aufzuziehen, es treten dabei aber stets Verluste auf. Ein weiterer Aspekt, der unbedingt beachtet werden muss, ist die hohe Belastung für einzelne Altvögel, die Junge füttern müssen. Ihre Überlebenschancen sinken (NUR 1984a). Besonders Weibchen sind während der Brutsaison ohnehin stark gefordert und erreichen zuweilen ihre physiologischen Grenzen (PERRINS 1979). Sie versuchen daher, zusätzliche Investitionen in die Jungenaufzucht möglichst gering zu halten. Besonders in weniger geeigneten Lebensräumen – meist an der Verbreitungsgrenze – wirkt sich daher die Polygynie zumindest auf den Fortpflanzungserfolg der davon betroffenen Weibchen negativ aus. Dass sie dennoch auftritt, dürfte auf die hohen Zuwanderungen aus anderen Gebieten zurückzuführen sein, in denen die Polygynie für die Weibchen neutral, für die Männchen dagegen von Vorteil ist (vgl. DHONDT 1989).

7.7 Entwicklung der Jungvögel

7.7.1 Gewichtsentwicklung

Die Gewichtsentwicklung der meisten Vogeljungen folgt einer sigmoiden Kurve (O´CONNOR 1978, 1984). Nach anfänglich langsamer Zunahme kommt es zu einer Phase massiven Wachstums, das im weiteren Verlauf der Entwicklung erneut abflacht. Auch das Wachstum von Blaumeisennestlingen stellt dabei keine Ausnahme dar. Sie nehmen zwischen dem 5. und 12. Nestlingstag am deutlichsten zu und erreichen bis zum Ausfliegen knapp die Masse der Altvögel.

Bei Meisen kommt es recht häufig zur Ausbildung von Nesthäkchen (LÖHRL 1968). Daher nimmt die Streuung der Gewichte im Allgemeinen mit dem Alter der Jungvögel zu (RHEINWALD 1975). Dieses Phänomen ist bei der Blaumeise besonders deutlich ausgeprägt. In unseren und auch vielen anderen Untersuchungsgebieten gibt es fast in jeder Brut Nesthäkchen, die bei Kälteeinbrüchen und/oder an Regentagen zumeist sterben, da sie offenbar nicht mehr genügend Nahrung erhalten.

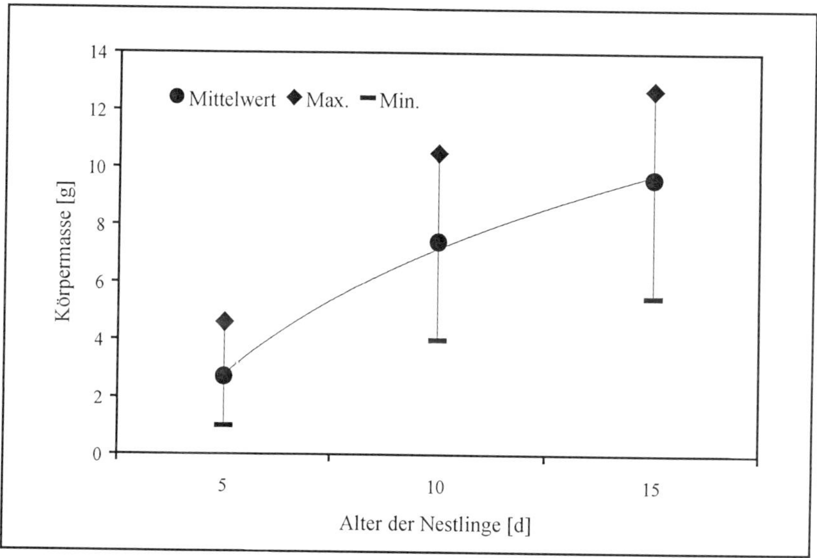

Abb. 29: Gewichtsentwicklung nestjunger Blaumeisen im Alpenzoo Innsbruck 1988 und 1989. Zahl der gewogenen Nestlinge: 5. Tag: 28; 10. Tag: 26; 15. Tag: 17. Gleichung der Wachstumskurve (nach RICKLEFS 1967): y = 6.4799 * ln x – 7.4150.

Um die Gewichtsentwicklung der Blaumeise mit jener der in unseren Untersuchungsgebieten sympatrisch auftretenden Tannenmeise besser miteinander vergleichen zu können, haben wir die sigmoiden Wachstumskurven nach der Methode von RICKLEFS (1967) umgerechnet. Die dabei ermittelten Werte sind in Tab. 14 zusammengefasst und erlauben exaktere interspezifische Vergleiche der Gewichtsentwicklung.

Tab. 14: Verschiedene Variablen (nach RICKLEFS 1967) zur Gewichtsentwicklung von Blau - und Tannenmeisennestlingen im Alpenzoo 1988 und 1989.

Art	Wachstumsrate K	Asymptote [g]	Halbzeit des Wachstums	Zeit 10 – 90 % Asymptote
Blaumeise	0,375	10,1	7,7	11,7
Tannenmeise	0,360	10,2	7,4	12,2

Abgesehen davon, dass junge Blaumeisen das Altvogelgewicht im Gegensatz zu Tannenmeisen nicht übersteigen (vgl. LÖHRL 1974) und die Streuung der Gewichte bei Tannenmeisen mit dem Alter der Jungvögel abnimmt, konnten wir weitere interspezifische Unterschiede feststellen. Die als Altvögel leichteren Tannenmeisen waren als Jungvögel im Mittel schwerer als gleichaltrige Blaumeisen. Dies zeigte sich auch bei den ermittelten Asymptoten (Tab. 14), die für Tannenmeisen um 0,1 Gramm über dem Wert für Blaumeisen lag. Die

Wachstumsrate hingegen lag bei Blaumeisen etwas höher, dementsprechend liefen gewisse Entwicklungsabschnitte rascher ab als bei Tannenmeisen. Diese Unterschiede waren aber erwartungsgemäß relativ gering. Andere Untersuchungen erbrachten ähnliche Ergebnisse in Bezug auf die Gewichtsentwicklung der Nestlinge, wenn nur Daten aus einem Gebiet in den Vergleich mit einbezogen wurden (vgl. RHEINWALD 1975). Zwischen Gebieten mit unterschiedlichen Lebensbedingungen ergaben sich dagegen sogar innerhalb einer Art deutliche Abweichungen (vgl. SIMONIS 1990).

Im Vergleich mit anderen Gebieten sind die Gewichte nestjunger Blaumeisen aus unserer Region eher niedrig. Besonders Vögel aus England sind deutlich schwerer (Übersicht bei PERRINS 1979). Doch auch im Vergleich mit Werten aus Mitteleuropa schneiden die alpinen Vögel schlecht ab. Für die niedrigen Nestlingsgewichte ist vor allem die inneralpine Lage (Grenzverbreitungsgebiet der Blaumeise in Bezug auf Klima, Nahrung und Habitat) von Bedeutung (vgl. Diskussion in PERRINS 1979).

7.7.2 Entwicklung morphologischer und ethologischer Merkmale

Beim Schlupf sind junge Blaumeisen weitgehend nackt, die Augen geschlossen. Die Bewegungsfähigkeit ist stark eingeschränkt und eine selbständige Thermoregulation nicht entwickelt. Dieser Zustand bleibt bis zum 3./4. Lebenstag fast unverändert. Die Nestlinge reagieren nur auf Berührungsreize und beginnen dann zumeist heftig zu sperren. Zur Abgabe der Kotballen, die von einer häutigen Hülle umgeben sind, richten sie das Abdomen steil auf und stützen sich auf Füße und Schnabel. Da ihr Verdauungssystem ebenfalls noch unterentwickelt ist, enthält der Kot viele wenig verdaute Bestandteile. Daher wird er in dieser Zeit von den Altvögeln meist gefressen, erst später in seiner Hülle aus der Bruthöhle getragen und weiter entfernt abgeworfen. Obwohl die Augen am 5. Lebenstag noch geschlossen sind, reagieren die Jungen bereits deutlich auf optische Reize. Bei Verdunkelung des Fluglochs durch einen an- oder abfliegenden Elternteil, aber auch die Hand eines Beobachters, beginnen sie heftig zu sperren. Auch leichte Erschütterungen um die Einflugöffnung, wie sie beim Anflug eines Altvogels entstehen, lösen Bettelverhalten aus. Heftige Erschütterungen der Bruthöhle, ungewohnte Geräusche und helles Licht hingegen führen zu Schreckreaktionen; die Jungen drücken sich möglichst tief in die Nestmulde. Mit dem spaltförmigen Öffnen der Augen am 6./7. Tag nimmt die Bedeutung optischer Reize weiter zu und schon vor dem vollständigen Öffnen am 12. Tag sperren die Nestlinge gezielt in Richtung Höhleneingang. Zu diesem Zeitpunkt tritt auch das typische

Feindabwehrverhalten erstmals auf (LÖHRL 1964, WINKEL 1972). Die Jungen stoßen zischende Laute aus, in etwas höherem Alter schlagen sie zusätzlich mit den Flügeln gegen die Höhlenwände. Sie werden zunehmend mobiler und beginnen an der Innenseite der Bruthöhle herumzuklettern. Ab dem 15. Lebenstag steigt dabei die Tendenz, bei Störungen aus dem Nest zu springen, deutlich an. Die kürzesten in der Literatur erwähnten Nestlingszeiten (vgl. Kap. 7.6.1) sind daher fast ausnahmslos auf Störungen durch den Untersucher zurückzuführen. Ab dem 18. Tag ist das Flugvermögen recht gut entwickelt, sodass Junge, die zu diesem Zeitpunkt ausfliegen, bereits Überlebenschancen haben.

Im Gegensatz zur Gewichtszunahme, die von verschiedensten Umweltfaktoren beeinflusst wird, verläuft die Gefiederentwicklung der Nestlinge nur mit geringer zeitlicher Variabilität. Erste Federanlagen werden ab dem 2. Lebenstag als dunkle Punkte unter der Haut sichtbar. Diese Entwicklung beginnt an den Flügeln und erst ab dem 4. Tag auch am Körper. Die ersten durchbrechenden Kiele sind jene von Hand- und Armschwingen (5. Tag); es folgen die Hand- und Großen Armdecken (7. Tag) und erst dann die weiteren Groß- und Deckfedern. Ab dem 7. Tag brechen auch erste Blutkiele auf, ab dem 12. Tag sind alle geöffnet. Obwohl die Anlagen der Schwungdecken als erste erscheinen, ist die Entwicklung des Deckgefieders schneller abgeschlossen, da es als Isolator für die Nestlinge besonders wichtig ist. Die Entwicklung des Kopfgefieders dauert am längsten. Während ein großer Teil der Federn schon in der Bruthöhle fertig entwickelt ist, wachsen Schwingen und Steuerfedern noch nach dem Ausfliegen weiter.

7.8 Nestlingsverluste

Nur bei wenigen Bruten liegt der Ausfliegeerfolg bei 100 %. In den meisten Fällen treten mehr oder weniger starke Nestlingsverluste auf, die verschiedenste Gründe haben können. Die am weitesten verbreitete direkte Ursache ist Nahrungsmangel. Die Mortalität ist relativ gleichmäßig über die gesamte Nestlingszeit verteilt; nicht signifikante Häufungen sind gegen Ende der Huderphase (9./10. Nestlingstag) und während der Periode des höchsten Nahrungsbedarfs (13./14. Nestlingstag) zu beobachten. Im Vergleich zu offenen Nestern sind Bruten in Höhlen generell sicherer gegenüber Extremen der Witterung und Nesträubern (MARTIN & LI 1992, HANSELL 1993).

7.8.1 Witterungseinflüsse

Das Wetter ist ein wichtiger indirekter Faktor, der die Jungensterblichkeit nachhaltig beeinflusst. Besonders die Temperatur wirkt sich auf das Brutgeschehen aus. Unterdurchschnittlich tiefe Temperaturen gehen mit einem erhöhten Energieumsatz von Nestlingen und Altvögeln einher (vgl. HAFTORN & REINERTSEN 1985). Gleichzeitig sinkt aber das verfügbare Beuteangebot, sodass die Vögel immer mehr in eine energetische Schere geraten. Dies können die Altvögel zunächst meist kompensieren, da zwar weniger Beutetiere vorhanden, diese wegen der Kälte aber unbeweglicher und damit leichter zu erbeuten sind. Bei länger anhaltenden Kälteperioden oder besonders tiefen Temperaturstürzen ist ein Ausgleich nicht mehr möglich. Es tritt eine Nahrungsmangelsituation ein, die zunächst die kleinsten Nestlinge, später ihre größeren Geschwister betrifft. Zumeist kommt es nicht zu Totalverlusten. In unseren Innsbrucker Untersuchungsgebieten konnten wir solche jedoch immer wieder feststellen, besonders dann, wenn die Kälte mit gleichzeitigen Schneefällen einherging. In einem Extremjahr betraf der Totalverlust sogar sämtliche Erstgelege (vgl. FÖGER 1993 b).

Bei überdurchschnittlich hohen Temperaturen konnten wir ebenfalls eine verstärkte Mortalität erkennen. Auch diese dürften nicht direkt wirken, sondern zu einer Verschiebung der maximalen Beuteabundanz führen. Ab der Eiablage sind Blaumeisen kaum mehr in der Lage, den zeitlichen Ablauf des Brutgeschehens zu beeinflussen, während die Entwicklung der wichtigsten Beutetiere deutlich beschleunigt wird. Es kommt damit zu einer Entkoppelung der Nestlingszeit von der Periode der höchsten Raupendichte. Letztere ist für den Bruterfolg der Blaumeise jedoch entscheidend (vgl. Kap. 6.2). Dieser Effekt verdient auch in Zukunft besondere Beachtung, da klimatische Veränderungen die feine zeitliche Synchronisation von Brutgeschehen und Beutegradation stören könnten.

Neben der Temperatur stellen Niederschläge einen wichtigen Faktor dar. Die massive Auswirkung von Schneefällen haben wir bereits zuvor erwähnt; durch die Bedeckung der Baumkronen wird selbst nach einem kurzen Ereignis die Verfügbarkeit der Nahrung sehr stark reduziert, die Mortalität der Nestlinge und bisweilen auch der Altvögel steigt sprunghaft an. Dazu dürfte auch beitragen, dass die Blaumeise, im Gegensatz etwa zur Tannenmeise (LÖHRL 1974), morphologisch nicht an das Festklammern an verschneiten oder eisigen Substraten angepasst ist. Heftige Regenfälle erhöhen ebenfalls die Nestlingsverluste; zumeist wirken auch sie indirekt über das Nahrungsangebot, seltener direkt, wenn Nässe in natürliche Bruthöhlen eindringt und zu einem Verklammen der Jungen führt (BIHLER 1997). Im Mittelmeerraum allerdings spielen nach GLUTZ & BAUER (1993) Hitze und Trockenheit die Hauptrolle bei den Nestlingsverlusten. Neuere Untersuchungen deuten jedoch an, dass zumindest adulte mediterrane Blaumeisen an die hohen Temperaturen ihres Lebensraumes physiologisch angepasst sind (NAGER & WIERSMA 1996, THOMAS et al. 2001).

In Ausnahmefällen kann sich starker Wind negativ auswirken. Unsere Untersuchungsgebiete liegen an einem südgerichteten Hang, der dem Föhn, einem oft stürmischen Fallwind aus südlicher Richtung, direkt ausgesetzt ist. Da Blaumeisen bevorzugt in den besonders exponierten Astspitzen nach Beute suchen (vgl. Kap. 6.3), können sie diese Mikrohabitate bei Starkwind kaum mehr nutzen. Es kommt zu einer tendenziellen Verschiebung der Nahrungshabitate und damit zu einer Verstärkung der Konkurrenzsituation zu anderen Meisen.

7.8.2 Nestfeinde

Trotz der vergleichsweise geschützten Brut in Höhlen fallen junge Meisen immer wieder Beutegreifern zum Opfer. Wie hoch diese Rate ist, kann trotz des umfangreichen vorhandenen Datenmaterials nicht eindeutig beantwortet werden, da in Bezug auf die Prädation erhebliche Unterschiede zwischen Naturhöhlen und Nistkästen bestehen. In künstlichen Nisthilfen sind die Ausfälle deutlich geringer (vgl. KUITUNEN & ALEKNONIS 1992, GLUTZ & BAUER 1993). Unter den Säugetieren sind insbesondere Marder zu erwähnen. Vor allem Wiesel (*Mustela* spp.) können nach Befunden aus Großbritannien zumindest lokal einen erheblichen Einfluss haben. Kleinräumig fallen ihnen bis zu 50 % der Meisenbruten zum Opfer (PERRINS 1979). Derartig hohe Prädationsraten treten jedoch nur unter bestimmten Voraussetzungen auf. So konnte etwa DUNN (1977) eine starke Korrelation zwischen geringen Nagetierdichten und hoher Nestprädation feststellen. Für bodennahe Naturhöhlen stellt der Dachs (*Meles meles*) eine gewisse Gefahr dar (BIHLER 1997). Andere Carnivore spielen bei Nestlingsverlusten eine eher untergeordnete Rolle. Gebietsweise kann der eingeschleppte Waschbär (*Procyon lotor*) Bruten vernichten. Zusätzlich treten Nagetiere regelmäßig in Erscheinung; verschiedene Mäuse und Ratten (Muridae) sowie Hörnchen (*Sciurus vulgaris, S. carolinensis*) durchsuchen Höhlen nach Fressbarem. Bilche (Gliridae) sind nicht nur Nesträuber, sondern auch Konkurrenten um die Bruthöhlen.

Unter den Vögeln ist der Buntspecht (*Dendrocopos major*) der wichtigste Nestfeind. Er sucht gezielt potentielle Nesthöhlen nach Eiern und Jungen ab. Zum Erreichen seiner Beute hat er verschiedene Strategien entwickelt. Er erweitert das Einflugloch oder hackt sich seitlich in die Höhle. Zudem kann es vorkommen, dass er sperrende Jungvögel durch das Einschlupfloch herauszieht; dazu wartet der Specht zumeist, bis ein fütternder Altvogel in die Höhle eingeflogen ist. Nistkästen aus Holzbeton erlauben kein Aufhacken und reduzieren damit die Brutverluste durch Spechte erheblich. Gegenüber anderen Vögeln sind die Bruthöhlen in der Regel ausreichend geschützt, nur sehr offene natürliche Fäulnishöhlen werden ab und zu von Rabenvögeln aufgesucht.

Als Predatoren kommen auch Schlangen in Frage. In Mitteleuropa dürften diese jedoch eine geringe Rolle spielen; im Mittelmeerraum ist nach GLUTZ & BAUER (1993) die Eidechsennatter (*Malpolon monspessulanus*) eine häufige Nesträuberin. ANGELICI & LUISELLI (1998) erwähnen auch die Vierstreifennatter (*Elaphe quatuorlineata*); für eine italienische Population dieser Schlange stellen Vögel sogar die Hauptbeute dar.

Auch unter den Wirbellosen finden sich einzelne Arten, die Jungvögel gefährden. Dazu zählen vor allem Nacktschnecken, in unseren Untersuchungsgebieten etwa die Spanische Wegschnecke (*Arion lusitanicus*) und der Tigerschnegel (*Limax maximus*).

7.8.3 Parasiten

Auch beim Parasitenbefall zeigen sich deutliche Unterschiede zwischen natürlichen und künstlichen Bruthöhlen. Da Nistkästen meist im Herbst gereinigt werden, ist ihre Vorbelastung mit Larven und Dauerstadien deutlich geringer als jene öfter benutzter Naturhöhlen (vgl. MØLLER 1989, 1992). Vollständige Brutverluste durch Schmarotzer dürften eine extreme Ausnahme darstellen. Besonders Nesthäkchen sind jedoch stark gefährdet. Generell zeigen Nestlinge befallener Bruten eine verringerte Gewichtszunahme und schlechtere Kondition.

Die häufigsten Parasiten sind Vogelflöhe (Ceratophyllidae), vor allem *Ceratophyllus gallinae*. Der Einfluss der Flöhe auf Bruterfolg und Nestlingskondition ist von der Witterung abhängig: Er tritt in Jahren mit niedrigen Temperaturen und starken Niederschlägen deutlicher in Erscheinung (DUFVA & ALLANDER 1996). Regelmäßig sind in den Nestern auch Fliegenlarven zu finden, welche vor allem einzelne gestorbene Individuen fressen, die von den Altvögeln nicht rechtzeitig entfernt wurden. In geschwächten Bruten kann es immer wieder vorkommen, dass sie auch noch lebende Junge befallen. Die Larven der Vogelblutfliegen (*Protocalliphora* spp.) saugen an Nestlingen Blut. Nach GLUTZ & BAUER (1993) können die Larven einer verwandten Art (*Trypocalliphora lindneri*) auf Korsika bis zu 50 % der Verluste verursachen.

7.9 Bruterfolg und Lifetime Reproduction

Obwohl der Bruterfolg eine der wichtigsten brutbiologische Größen darstellt, ist seine Definition bei verschiedenen Autoren bis heute nicht einheitlich. Während in WINKELS Angaben (z.B. 1970, 1975) Totalverluste ausgeschlossen wurden, berücksichtigen andere Untersucher diese, wenn sie nach Erreichen des Vollgeleges eintraten (z.B. MATTES 1988) oder nicht auf Untersuchungseinflüsse bzw. Beutegreifer zurückzuführen waren (z.B. SIMONIS 1990). Das Bild des Bruterfolgs kann allerdings, besonders auf Populationen bezogen, stark verfälscht werden, wenn der unterschiedliche Feinddruck in verschiedenen Gebieten unberücksichtigt bleibt. Gerade dieser spielt mitunter eine bedeutende Rolle (vgl. Kap. 7.8.2). So ist beispielsweise in stark vom Menschen beeinflussten Lebensräumen, wie z.B. auch im Gelände des Alpenzoos, die Zahl der Nesträuber und verschiedener anderer Beutegreifer meist geringer als in naturnahen Regionen (vgl. BERRESSEM et al. 1983). Solche gebietsspezifischen Faktoren sollten aus der Beurteilung des Bruterfolgs auf keinen Fall ausgeschlossen werden, auch nicht, wenn es darum geht, die »Fitness« einer Art bei der Jungenaufzucht näher zu untersuchen (vgl. FÖGER 1991).

Eine wichtige Größe des Bruterfolges ist etwa der Prozentsatz ausgeflogener Nestlinge gemessen an der Zahl der gelegten Eier (vgl. CRAMP & PERRINS 1993). Hierbei zeigen sich deutlich verschiedene, mitunter lebensraumspezifische Einflüsse (siehe Tab. 15).

Tab. 15: Bruterfolg von Blaumeisen in unterschiedlichen Lebensräumen, ausgedrückt in % flügger Jungvögel bezogen auf die Gelegegröße. Quellen: 1 – LACK (1954); 2 – PERRINS (1979); 3 – LÖHRL (1976); 4 – BLONDEL (1985); 5 – ISENMANN (1983); 6 – BAOUAB (1983); 7 – MOALI et al. (1992); 8 – ROTHENBÄCHER (1995); 9 – KIZIROĞLU(1982).

Gebiet	Lebensraum	Bruterfolg	Quelle
Südengland	Rotkiefernaufforstung	71	1
	Schwarzkiefernaufforstung	62	1
	Gärten	86	1
	Eichenwald	86	2
	Mischwald	88	2
Süddeutschland	Fichtenwald	31	3
Südfrankreich	Zedernwald mit Laubbäumen	59	4
	Flaumeichenwald	63 - 76	5
Korsika	Steineichenwald	41	4
Marokko	Eichenwald	80 - 92	6
Algerien	Korkeichenwald	65	7
	Steineichen-Atlaszedernwald	79	7
Teneriffa	Kanarenkiefern- und Lorbeerwald	66	8
Türkei	Bergmischwald	80	9

Trotz Anpassung der Gelegegrößen an verschiedene Lebensräume (vgl. Kap. 7.3.5) variiert der relative Bruterfolg mit der Habitatqualität. In günstigen Lebensräumen, wie etwa Eichen- und Mischwäldern, ist er am höchsten, in reinen Nadel- und immergrünen Laubwäldern am geringsten. Die Vorhersagen der verschiedenen Theorien, die sich auf den adaptiven Wert der Gelegegröße beziehen, scheinen nur teilweise zuzutreffen (vgl. ISENMANN 1987, BLONDEL et al. 1991, 1992, 1993).

Der absolute Bruterfolg, die Gesamtzahl der ausgeflogenen Jungen, ist ebenfalls sehr variabel und hängt direkt mit der Gelegegröße zusammen. Auch dieser ist in Optimalhabitaten, vor allem sommergrünen Eichenwäldern, am höchsten. Sehr geringe Flügglingszahlen werden in Stadtrandbereichen und im reinen Nadelwald festgestellt (LÖHRL 1976, SCHMIDT & EINLOFT-ACHENBACH 1984, COWIE & HINSLEY 1987). Aufgrund ihrer generell geringeren Gelegegröße ist der absolute Bruterfolg der mediterranen Unterarten sowie der Angehörigen der *teneriffae*-Gruppe geringer. Dies trifft auf ihren relativen Bruterfolg jedoch nur in manchen Lebensräumen zu (siehe Tab. 15).

Neben dem Habitat beeinflussen weitere Faktoren den Bruterfolg. Aufgrund einer starken Verringerung der Schlüpfrate bei Bruten älterer Blaumeisenweibchen (DHONDT 1989) ist deren absoluter und relativer Erfolg im Durchschnitt deutlich gemindert. Manche Individuen sind allerdings durch ihre langjährige Revierkenntnis (z.B. günstiger Nahrungsquellen) in der Lage, dieses Defizit teilweise zu kompensieren (FÖGER 1993). Jahreszeitlich späte Bruten haben oft stärkere Verluste, da die wichtige Gradation von Schmetterlingsraupen dann meist vorüber ist. Auch zwischen verschiedenen Untersuchungsjahren im selben Gebiet können erhebliche Unterschiede auftreten. Einerseits schwanken die Insektenpopulationen, andererseits gelingt die zeitliche Abstimmung von Brut und maximalem Beutevorkommen nicht immer gleich gut (vgl. Kap. 7.3.4).

Im Laufe ihres Lebens bringen Blaumeisen individuell sehr unterschiedlich viele Jungvögel zum Ausfliegen. Die bisher ausführlichste Studie zum Thema Lifetime Reproduction hat DHONDT (1989) zusammengefasst. Die Untersuchungen seiner Arbeitsgruppe an zwei Populationen bei Antwerpen, Belgien, begannen erst 1979, umfassen aber dennoch eine beträchtliche Stichprobengröße. Nach Ausschluss von Vögeln unbekannten Alters, Erstbrütern nach 1984, Vögeln mit unbekannten Brutstatus/-erfolg im ersten Lebensjahr und Individuen mit einem Lebensreproduktionserfolg von Null blieben 144 Männchen und 168 Weibchen für die Analyse. Aus den ebenfalls erhobenen Daten zur Fortpflanzungsrate, der jährlichen Überlebensrate der Altvögel usw. errechnete DHONDT, dass die erfolgreichsten Blaumeisen in ihrem Leben 62 Nestlinge zum Ausfliegen bringen. Bedenkt man allerdings, dass nach seinen Schätzungen 86 % der Schlüpflinge aus den beiden Untersuchungsflächen niemals erfolgreich brüten, bringen etwa 35 % der erfolgreichen Brüter keine Enkel hervor. Am häufigsten treten Individuen auf, die einmal erfolgreich brüten, schon seltener solche mit zwei flüggen Bruten. Nur ein kleiner Teil der Population konnte mehr als 40 Junge aufziehen (vgl. auch FÖGER 1993 b). DHONDT konnte keinen Geschlechtsunterschied im Lebenszeit-Bruterfolg feststellen, allerdings war der Unterschied zwischen den beiden Untersuchungsflächen signifikant. Letzteres war auf die höhere Mortalität aufgrund eines Sperberreviers in einem der Gebiete zurückzuführen. Polygyne Männchen zogen mehr Junge auf als monogame, ihre jährliche Überlebensrate wurde dadurch nicht beeinträchtigt (vgl. DHONDT 1987). Ausschlaggebend für den Lebenszeit-Bruterfolg war in der Summe nicht der Erfolg einzelner Jahre, sondern ein Brüten über möglichst viele Saisonen.

7.10 Ausfliegen der Jungvögel

Gegen Ende der Nestlingszeit wird es für die herangewachsenen Jungvögel in den Bruthöhlen zum Teil schon sehr eng. Insbesondere bei Fütterungen ist das Gedränge beträchtlich. Ältere Nestlinge klettern daher häufig an der Höhlenwand bis zur Einflugöffnung und nehmen die Nahrung dort in Empfang. Dabei lernen sie bereits aus der sicheren Höhle heraus die Umgebung kennen, was für ihr späteres Leben, z.B. die Habitatwahl, von großer Bedeutung sein dürfte (GRÜNBERGER 1990, 1992, GRÜNBERGER & LEISLER 1990, STÖLLNER 1991).

Das Ausfliegen selbst scheint an keine bestimmte Tageszeit gebunden zu sein, nach eigenen Beobachtungen verlassen die meisten Flügglinge am Vormittag ihre Bruthöhle. In der Regel fliegen die Tiere recht zügig hintereinander in nahe, dichte Vegetation. Es kommt immer wieder vor, dass einzelne Junge im Nest zurückbleiben; diese überleben nur selten (GLUTZ & BAUER 1993). Allerdings konnten wir in einem Einzelfall feststellen, dass ein Nesthäkchen, das weiterhin Nahrung erhielt, erst am 3. Tag nach seinen Geschwistern die Höhle verließ.

Auch außerhalb der Nisthöhle werden die flüggen Jungvögel weiter gefüttert. Aus der anschließenden Periode des allmählichen Selbständigwerdens liegen sehr wenige Daten vor. Da die selbständigen Jungen zumeist vom unmittelbaren Brutort abwandern und gleichzeitig Zuwanderung aus anderen Gebieten erfolgt, ist die Verfolgung der Flügglinge außerordentlich schwierig. Es wird immer wieder angenommen, dass die Mortalität in diesem Lebensabschnitt sehr hoch ist (PERRINS 1979, CRAMP & PERRINS 1993, GLUTZ & BAUER 1993). Auch deuten manche Studien an, dass diese Phase für das spätere Leben von großer Bedeutung sei, da sich in dieser Periode unter anderem soziale Hierarchien etablieren (vgl. KOTHBAUER-HELLMANN 1990 b).

8 Biologie außerhalb der Fortpflanzungsperiode

Im Vergleich zur Brutbiologie liegen über die Periode außerhalb der Fortpflanzungszeit wesentlich weniger Daten vor, obwohl gerade das Winterhalbjahr besonders durch die hohe Mortalität aus populationsökologischen Gesichtspunkten interessant ist. Zum Gesamtverständnis der Bestandsdynamik müssen diese Aspekte unbedingt berücksichtigt werden. Auch der physiologisch anspruchsvolle Prozess der Mauser fällt in diese Zeit.

8.1 Die Mauser

Ein regelmäßiger Wechsel des Gefieders ist für alle Vögel notwendig, um dieses stets voll funktionsfähig zu erhalten. Dabei ist nach ihrem Zeitpunkt und Ablauf die Mauser von Adulten und Juvenilen deutlich zu unterscheiden.

8.1.1 Postnuptiale Vollmauser

Erwachsene Blaumeisen wechseln ihr Gefieder zwischen Juni und Oktober. Der Anfang der Mauser fällt zumeist noch in die Phase der Jungenaufzucht (PERRINS 1979). Einjährige Individuen beginnen früher als mehrjährige, Männchen vor den Weibchen. Auch sind regionale Unterschiede im Mauserbeginn dokumentiert, die erkennen lassen, dass dieser in klimatisch günstigeren Gegenden zeitiger liegt. Der gesamte Wechsel nimmt 115 bis 120 Tage in Anspruch, was für einen Vogel von der Größe der Blaumeise außergewöhnlich lange ist. Ursachen für diese Besonderheit sind bisher nicht bekannt.

Das Mauserschema gleicht jenem der meisten anderen Sperlingsvögel. Der Wechsel beginnt mit den Schwung- und Steuerfedern. Dabei ist eine exakte zeitliche Abstimmung des Ausfallens und Nachwachsens einzelner Federn notwendig, um die Flugfähigkeit sicher zu stellen. Allein die Mauser der Handschwingen nimmt daher mehr als die Hälfte der Gesamtmauserdauer in Anspruch. Danach folgen die Steuerfedern. Das Kleingefieder wird im Anschluss daran in mehreren Partien erneuert. Das frische Gefieder präsentiert sich zumeist viel intensiver gefärbt, allerdings ist der schwarze Bauchstrich zunächst oft nur undeutlich oder gar nicht zu erkennen (vgl. Kap. 4.1.1). Neben diesem regulären Ablauf konnte in Extremsituationen eine Schreckmauser festgestellt werden (GLUTZ & BAUER 1993).

8.1.2 Jugendmauser

Die Jugendmauser findet im Anschluss an das Selbständigwerden von Mitte Juli bis Mitte Oktober statt. Im Mittel beginnt sie sechs Wochen nach jener der Altvögel (PERRINS 1979). Sie ist eine Teilmauser, von der Hand- und Armschwingen sowie Handdecken nicht erfasst werden. Die Ausdehnung des Federwechsels zeigt starke individuelle und regionale Variabilität (JENNI & WINKLER 1994; siehe auch Kap. 4.3). Die auffälligsten Unterschiede treten im Bereich der mittleren Armdecken und der Carpaldecken auf. Auch bei den Schwanzfedern kommt vom Wechsel einzelner bis dem der gesamten Federn alles vor. Hier ist es jedoch nicht immer ganz einfach, alte von erneuerten zu unterscheiden. Die Jugendmauser beginnt immer an den ventralen Flügeldecken und am Unterschenkel, setzt sich über Randdecken, Schultern sowie Schwanzdecken fort und erreicht zuletzt die Körperfedern und den Kopf. Da der Wechsel des Kopfgefieders oft erst im Spätsommer oder Frühherbst einsetzt, sind diesjährige Vögel bis zu diesem Zeitpunkt auch feldornithologisch leicht zu erkennen.

8.2 Wanderungen

Generell ist die Blaumeise als Standvogel oder Teilzieher zu bezeichnen. Gerichtete, weite Wanderungen einer Vielzahl von Individuen kommen daher nicht vor, allerdings haben in den letzten Jahren zahlreiche Experimente und Zuchtversuche gezeigt, dass Wander- und Zugverhalten innerhalb weniger Generationen wechseln können (Übersicht in BERTHOLD 2000). Gerade Teilzieher weisen ein hohes Potential zur Entwicklung verschiedener Strategien auf. Individuen einer Population zeigen sehr unterschiedliche Wander- und Zugbereitschaft, sodass die Art jederzeit auf veränderte Umweltbedingungen reagieren könnte (HELLMANN 1985).

8.2.1 Jugenddispersion

Die Geburtsorttreue der Blaumeise ist relativ gering ausgeprägt. Verschiedene Untersuchungen erbrachten, dass durchschnittlich weniger als 5 % der Jungvögel in der folgenden Brutsaison nahe dem Geburtsort nachgewiesen werden (Übersicht in GLUTZ & BAUER 1993). Bedenkt man allerdings die hohe Mortalität während der ersten Lebensmonate, erscheinen diese Befunde sehr zweifelhaft (vgl. DHONDT 1989). Die wenigen vorliegenden Ringfunde deuten an, dass sich die Jungvögel meist im Umkreis von 10 km um den Schlüpfort verteilen. Maximale Abwanderungsdistanzen sind nach GLUTZ & BAUER (1993) 24 km für Männchen und 470 km für Weibchen. Generell erfolgt die Dismigration ungerichtet; allerdings dürfte die naturräumliche Ausstattung der Umgebung eine lenkende Wirkung haben. So konnten wir feststellen, dass mehrere Ansiedelungen entlang der Waldsäume unseres Untersuchungsgebietes erfolgten (bis 12 km Entfernung), der südlich anschließende Talraum mit Siedlungen und offenen landwirtschaftlichen Flächen jedoch nie überquert wurde.

8.2.2 Zugverhalten

Neben Individuen, die langfristig im angestammten Brutgebiet verbleiben existieren auch solche, die einige typische Merkmale von Zugvögeln zeigen. Der Zug erfolgt in Mittel-, Ost- und Nordeuropa nach Südwesten. Diese Festlegung ist jedoch relativ schwach ausgeprägt, sodass immer wieder längere Wanderungen in unterschiedlichste Richtungen erfolgen. Typische räumlich begrenzte Überwinterungsgebiete gibt es nicht. Das Heimfindevermögen über längere Strecken wird in der Literatur angezweifelt (GLUTZ & BAUER 1993). Auch unter den wandernden Vögeln ist die Zahl der Weibchen deutlich höher (ZEH et al. 1985).

Invasionsartige Wanderungen, wie sie etwa bei der Tannenmeise regelmäßig auftreten (LÖHRL 1974), kommen bei der Blaumeise wesentlich seltener und weniger deutlich ausgeprägt vor. Eine Übersicht, aus der die Rhythmik hervorgeht, geben GLUTZ & BAUER (1993). Die Invasionen betreffen in der Regel nur gewisse Teilareale. Manchmal treten sie gehäuft auf, wie etwa von 1984 bis 1988 in Südschweden; andererseits können fast 20 Jahre zwischen derartigen Einflügen liegen. Als Ursache werden milde Winter mit anschließenden, überdurchschnittlich erfolgreichen Bruten eingestuft. Die größten Entfernungen bei den eigentlichen Zugbewegungen liegen bei 1.500 km.

Der Zug beginnt ab Ende August, wenn das Großgefieder im Wesentlichen fertig vermausert ist, und erreicht zwischen Mitte September und Mitte Oktober seinen Höhepunkt. Im Hochwinter kommen Migrationsbewegungen zum Erliegen; ein sehr schwach ausgeprägter Heimzug findet im März/April statt.

Die bisher vorgestellten Befunde betreffen die Nominatform. Das Wanderverhalten der anderen Unterarten scheint zumindest teilweise wesentlich geringer ausgeprägt zu sein. Die britischen Blaumeisen gelten als Standvögel und unternehmen auch keine invasionsartigen Bewegungen (PERRINS 1979). Dies schließt jedoch nicht aus, dass die Tiere auf der Suche nach günstigen Nahrungsquellen einen kleinräumigen Ortswechsel vornehmen. So suchen sie etwa im Winter verstärkt den menschlichen Siedlungsraum und ausgedehnte Schilfflächen auf. Auch die Unterarten des Mittelmeerraumes und der *teneriffae*-Gruppe dürften eher Standvögel sein.

8.3 Überwinterung

Der Winter spielt für die Populationsdynamik der Blaumeise eine entscheidende Rolle, da in dieser Zeit die Mortalität am höchsten ist. Darüber hinaus laufen dann bereits verschiedene Verhaltensweisen ab, die als Vorbereitung für die kommende Brutsaison von großer Bedeutung sind.

8.3.1 Gewicht, Fat Score

Die besondere Problematik des Winters ergibt sich aus dem Zusammenwirken von Nahrungsmangel und tiefen Temperaturen. Die Vögel benötigen sehr viel Energie, um eine kalte Winternacht zu überstehen. Der Sauerstoffverbrauch und damit der Energieumsatz ist umgekehrt proportional zur Umgebungstemperatur (GIBB 1957). Schon im Herbst findet eine generelle Umstellung der Ernährungsweise und des Stoffwechsels statt. Arthropodenbeute tritt immer mehr in den Hintergrund und wird durch unterschiedlichste pflanzliche Kost ersetzt. Gleichzeitig erfolgt eine Zunahme der durchschnittlichen Körpermassen. Hierfür dürfte besonders das Fressen von Beeren wichtig sein (vgl. BAIRLEIN 1996). Die Massen sind im Frühwinter am höchsten und gehen bis zum Frühling wieder auf das durchschnittliche Maß zurück (Abb. 30).

Im Winter selbst müssen Blaumeisen generell jeden Tag genügend Nahrung zu sich nehmen, um für die Nacht ausreichende Energiereserven aufzubauen. Hierfür steht ihnen aufgrund der verkürzten Tageslänge wesentlich weniger Zeit zur Verfügung (MACE 1989). Nahrungssuchintensität und Körpermasse zeigen beide einen ausgeprägten Tagesverlauf (vgl. OWEN 1954, POLLHEIMER 1999). Die Nahrungssuche beginnt sofort in der Morgendämmerung und erreicht dann bereits einen ersten Höhepunkt. Danach nimmt sie kontinuierlich ab und bleibt über die Mittagsstunden auf einem etwa konstant niedrigen Niveau. Dies hat zwei Gründe: Zum einen reicht das starke morgendliche Fressen aus, nächtliche Energieverluste zu kompensieren, zum anderen ist die Temperatur zur Mittagszeit in der Regel am höchsten und gibt den Vögeln einen energetischen Spielraum für andere notwendige Aktivitäten, wie etwa

Komfortverhalten. Am frühen Nachmittag steigt der Wert erneut deutlich an und nimmt bis zur Abenddämmerung kontinuierlich zu. Die Fressintensitäten des Morgens werden meist jedoch nicht mehr erreicht. Die Kurve der durchschnittlichen Masse weicht vom Fress-Schema dahingehend ab, dass ihre Zunahme bis zum Abend durchgehend ist. Der Anstieg verläuft allerdings in den Mittagsstunden geringer. Hier zeigen sich auch deutliche Unterschiede zur nahe verwandten Kohlmeise, die aufgrund ihrer höheren mittleren Körpermasse mit geringeren energetischen Problemen zu kämpfen hat. Die tageszeitlichen Schwankungen von Fressintensität und Körpermasse sind bei tiefen Temperaturen deutlich stärker ausgeprägt als an milden Tagen (HAFTORN 1989, 1992). Die Zunahme der Körpermasse ist stets eine Gratwanderung zwischen verschiedenen Risiken. Einerseits müssen die Reserven über die Nacht reichen, andererseits erhöht die Körpermasse die energetischen Kosten für den Flug und damit das Prädationsrisiko (HOUSTON et al. 1993, GOSLER et al. 1995, METCALFE & URE 1995, GOSLER 1996). Die Masse sollte idealerweise so hoch wie nötig (Energiereserve für eine Nacht ausreichend) und so niedrig wie dafür möglich liegen. Neben der Temperatur beeinflusst auch die Vorhersehbarkeit des Nahrungsangebots die Bildung von Reserven (LIMA 1986, ROGERS 1987, BEDNEKOFF et al. 1994, BEDNEKOFF & KREBS 1995, GOSLER 1996). Je unvorhersehbarer die Verfügbarkeit von Nahrung ist, desto stärker muss die Gewichtszunahme ausfallen. Dies trifft auf die Blaumeise in besonderem Maß zu, da sie neben der Kohlmeise als einziger mitteleuropäischer Vertreter ihrer Gattung keine Nahrungsverstecke anlegt. Sie ist damit auf die aktuell vorhandene Nahrung angewiesen.

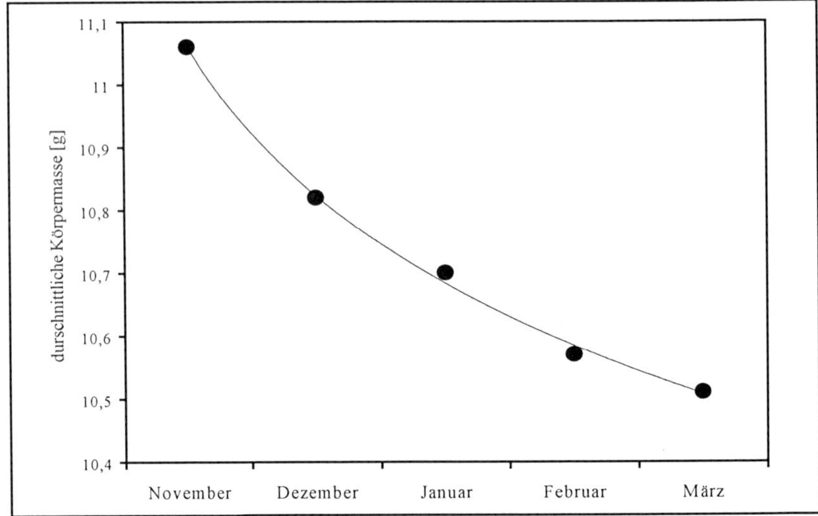

Abb. 30: Durchschnittliche Körpermasse von Blaumeisen im Laufe des Winters (nach OWEN 1954).

Der beschriebene diurnale Rhythmus der Körpermasse entsteht zum überwiegenden Teil durch einen zeitlich parallel verlaufenden Zyklus der Fettreserven (HAFTORN 1976, LILLIENDAHL et al. 1996). Wie für den Zug stellt Fett auch für die Überwinterung die wichtigste, in vielen Fällen einzige Energiereserve dar (BLEM 1990). Der Fat Score von Blaumeisen, gemessen nach sichtbarem subkutanem Fett im Bereich von Brust und Bauch (nach KAISER 1993), nimmt in gleicher Weise wie die Körpermasse im Tagesverlauf zu. Diese Reservenvergrößerung geht nicht mit einer kompensatorischen Verringerung anderer Körperkomponenten (z.B. Muskelgewebe) einher, wie es bei Futter versteckenden Höhlenbrütern der Fall sein kann (POLLHEIMER 1999). Blaumeisen müssen nämlich am Morgen in der Lage sein, sofort weite Strecken auf der Nahrungssuche zurückzulegen.

8.3.2 Vertikalwanderungen

Ein bisher in der Literatur nicht beschriebenes Phänomen sind die Vertikalwanderungen der Blaumeise außerhalb der Fortpflanzungsperiode. Bei verschiedenen Herbstkartierungen in den Ostalpen fiel uns auf, dass die Tiere bereits im Frühherbst in deutlich höheren Lagen anzutreffen sind als während der Brutsaison. Das Vorkommen beschränkt sich dabei zumeist auf bergbachbegleitende Laubgehölzstreifen und hoch gelegene Buchen-Krummholzbestände. Diese Lebensräume weisen wahrscheinlich ein günstiges herbstliches Nahrungsangebot auf. Im Hochwinter hingegen lässt sich eine deutliche Tendenz zu Talwanderungen beobachten. Insbesondere der menschliche Siedlungsraum scheint im Winter durch künstliche Nahrungsquellen attraktiv zu sein. Allerdings ist nicht geklärt, inwieweit diese auch genutzt werden bzw. für das Überleben im Winter günstig sind (vgl. SCHMIDT & WOLFF 1985). In unseren Untersuchungsgebieten blieb ein beträchtlicher Teil der Population auch im Winter in größerer Höhe, vor allem in jener Stufe, die von Buchenbeständen dominiert wird.

8.3.3 Sozialverhalten

Nach der Brutsaison lösen sich die Paar- und Familienverbände allmählich auf. Während die Jungvögel sehr häufig aus dem Brutrevier abwandern, bleiben die Adulten oft in seiner Umgebung, erweitern allerdings ihren Aktionsradius. Auch Wanderungen kommen zu dieser Zeit vor (vgl. Kap. 8.2.2 und 8.3.2). Im Herbst und Winter bilden sich größere, meist gemischte Trupps, die neben Blaumeisen auch andere Meisen, Kleiber, Baumläufer, Schwanzmeisen und Goldhähnchen umfassen können. Reine Blaumeisengruppen setzen sich in der Regel aus 10 bis 20, maximal jedoch bis zu 150 Individuen zusammen. Die gemischten Trupps können wesentlich umfangreicher sein. Sie durchstreifen große Waldflächen, wobei ihre räumliche Verteilung vom jeweiligen Nahrungsangebot abhängt. Innerhalb der Trupps ist die artspezifische Habitatwahl deutlich ausgeprägt, um Konkurrenz zu vermeiden. An günstigen Nahrungsquellen, insbesondere auch an Futterstellen, kommt es dennoch immer wieder zu interspezifischen Auseinandersetzungen. Im Gegensatz zu Konflikten um Bruthöhlen ist die Blaumeise dabei häufig dominant. Die Tiere verfügen über ein sehr hohes Aggressionspotential, das sich nicht nur gegen Artgenossen, sondern auch gegen andere Meisen, seltener Kleiber, richtet. Trotz geringerer Körpergröße können sie sich jetzt selbst gegen Kohlmeisen durchsetzen. Innerhalb der Blaumeisen besteht eine deutliche Hierarchie, in der einzelne Männchen dominieren.

Trotz wiederkehrender Auseinandersetzungen bietet das Leben in den Winterschwärmen entscheidende Vorteile. Beutegreifer werden mit höherer Wahrscheinlichkeit rechtzeitig wahrgenommen; zugleich sinkt für das Einzelindividuum das Prädationsrisiko. Durch Lernvorgänge können besonders junge Vögel ihre Fähigkeiten bei der Nahrungssuche verbessern; erleichtert wird dies durch die Kapazität der Blaumeisen, durch Beobachtung zu lernen (HELLMANN 1983). Einen zusätzlichen positiven Einfluss auf die Nutzung vorhandener Ressourcen dürfte die Ortskenntnis einzelner Gruppenmitglieder haben. So konnte POLLHEIMER (1999) feststellen, dass in den Trupps beobachtete Hauben- und Weidenmeisen sowie Kleiber den gesamten Winter über in einem lockeren Revier verweilen, währen die anderen Arten deutliche Ortsveränderungen zeigten. Die reviertreuen Tiere kennen etwa günstige Nahrungsplätze, räumliche Abschnitte, die selten von Beutegreifern besucht werden sowie geschützte Rastplätze und Verstecke. Von diesem »Wissen« profitieren auch die anderen Truppmitglieder.

Der Tagesablauf der Wintergruppen ist relativ starr und einheitlich. Zur Übernachtung lösen sie sich im Allgemeinen auf, wobei die artspezifischen Schlafplätze aufgesucht werden. Blaumeisen schlafen in weit geringerem Maß in Höhlen als ihre nächsten Verwandten (PERRINS 1979, SCHMIDT et al. 1985, LÖHRL 1995); sehr häufig suchen sie wie Tannenmeisen dichtes Geäst auf. In der Morgendämmerung finden die Vögel langsam wieder zueinander, wobei eine starke Zunahme von Kontaktlauten zum erneuten Zusammenschluss beiträgt. Diese Rufe sind zwar artspezifisch, werden jedoch mit großer Wahrscheinlichkeit von allen Truppmitgliedern verstanden (THIELCKE 1968, 1970). Den Großteil des Tages nimmt die Nahrungssuche ein; gemischte Meisenschwärme legen dabei je nach Artzusammensetzung 5 bis 11 km zurück (GLUTZ & BAUER 1993).

Im Spätwinter brechen die Trupps allmählich auseinander; Verhaltensweisen aus dem Kontext von Balz und Paarbindung treten vermehrt auf (vgl. Kap. 7.1.3).

9 Bestandsgröße und Schwankungen in verschiedenen Gebieten

Ähnlich wie bei anderen Kleinvögeln ist es für die Blaumeise sehr schwierig, großflächige Bestandsangaben zu machen. Jede Bewertung, egal nach welcher Methode, ist mit etlichen Unsicherheiten oder Fehlern behaftet. Die unterschiedlichen Hochrechnungsmethoden und -ansätze tragen neben tatsächlichen, natürlichen Bestandesschwankungen erheblich zur teilweise massiven Streuung der Angaben bei. Für ganz Europa gehen die aktuellsten Schätzungen von 16.381.398 bis 21.028.296 Brutpaaren aus (HAGEMEIJER & BLAIR 1997). Eine Übersicht über ausgewählte Zahlen bestandsstarker Länder gibt Tab. 16.

Tab. 16: Blaumeisenbestände (Brutpaare) in einzelnen europäischen Ländern.

Land	Bestand	Quelle
Großbritannien	3.500.000	MARCHANT et al. 1990
Deutschland	2.000.000 – 4.000.000	HAGEMEIJER & BLAIR 1997
Spanien	1.000.000 – 3.500.000	HAGEMEIJER & BLAIR 1997
Tschechien	900.000 – 1.700.000	HAGEMEIJER & BLAIR 1997
Slowakei	800.000 – 1.500.000	HAGEMEIJER & BLAIR 1997
Portugal	1.000.000	HAGEMEIJER & BLAIR 1997
Dänemark	300.000 – 2.900.000	HAGEMEIJER & BLAIR 1997
Irland	900.000	HAGEMEIJER & BLAIR 1997
Bulgarien	600.000 – 1.100.000	HAGEMEIJER & BLAIR 1997
Schweden	400.000 – 1.100.000	UFSTRAND & HÖGSTEDT 1976, HAGEMEIJER & BLAIR 1997
Österreich	200.000 – 500.000	DVORAK et al. 1993
Schweiz	150.000 – 250.000	SCHMID et al. 1998
Finnland	50.000 – 150.000	KOSKIMIES 1989

Für die Türkei werden 100.000 bis 1.000.000 Brutpaare genannt (HAGEMEIJER & BLAIR 1997). Aus weiten Teilen des Verbreitungsgebietes, v.a. im Mittleren Osten und in Nordafrika sind keine verlässlichen Angaben vorhanden.

Entsprechend den stark streuenden Bestandsdaten sind Abschätzungen von Populationstrends der Blaumeise schwierig und zumeist wenig zuverlässig. Markanteste Veränderung im 20. Jahrhundert war die deutliche Zunahme der skandinavischen Population, deren Zahl sich im Zuge einer massiven Arealausweitung (vgl. Kap. 3.1) vervielfachte. So kam es etwa in Finnland seit den

1950er Jahren zu einer Versechsfachung (BAUER & BERTHOLD 1996). Bestandszuwächse nach 1970 wurden auch aus den Niederlanden und der Ukraine gemeldet (TUCKER & HEATH 1994). Die Situation in Mitteleuropa ist durch starke Fluktuationen gekennzeichnet (z.B. WINKEL & FRANTZEN 1991), die mögliche Langzeittrends verschleiern. So erstaunt es nicht, dass verschiedene Untersuchungen zu widersprüchlichen Ergebnissen führten. Die Fangzahlen des Mettnau-Reit-Illmitz-Programmes von 1972 bis 1993 erbrachten nach Fangstationen getrennt unterschiedliche statistisch gesicherte Zahlenentwicklungen. Auf der Station Mettnau gingen die Fangzahlen signifikant zurück, in Illmitz stiegen sie an. Für Reit ergab sich kein eindeutiger Trend. Besonders der Mettnau-Befund ist überraschend, denn der Vergleich der Brutzeitkartierungen von 1980/81 und 1990 – 92 erbrachte eine signifikante Bestandszunahme um 9,2 % (KOLB & HEMPRICH 1999). Mit einer Siedlungsdichte von 11,4 Brutpaaren/km^2 zählt das Bodenseegebiet zu den am dichtesten besiedelten Regionen Deutschlands (vgl. BEZZEL 1993). Der Rückgang der Fangzahlen spiegelt diese Entwicklung nicht wider und könnte auch auf eine Veränderung im Dispersions- und Zugverhalten hindeuten. Ein ähnlicher Trend ist auch für Rybachi (Kurische Nehrung) nachgewiesen (BAUER & BERTHOLD 1996). Möglicherweise ist die Abnahme dieses Verhaltens auf die globale Erwärmung zurückzuführen.

10 Mortalität

Neben der schon in Kap. 7.8 behandelten Nestlingsmortalität spielt die Sterblichkeit in allen Stadien eines Blaumeisenlebens eine wichtige Rolle für die Populationsdynamik. Insbesondere im 1. Lebensjahr ist die Mortalität sehr hoch, sodass nur etwa ein Viertel der Flügglinge im Folgejahr selbst zur Brut schreiten (vgl. DHONDT 1989).

10.1 Verlustursachen

Bei flüggen Jung- und Altvögeln sind meist andere Ursachen für die Sterblichkeit wesentlich als bei Nestlingen.

10.1.1 Wetter

Das Wetter spielt vor allem für die Nestlingsmortalität eine wichtige Rolle (siehe Kap. 7.8.1). In Schlechtwetterphasen geht die Fütterfrequenz teilweise recht deutlich zurück (FÖGER 1991). Zusammen mit den gleichzeitig oft tieferen Temperaturen sind Verluste einzelner Jungen oder gar Totalausfälle ganzer Bruten keine Seltenheit.

Altvögel hingegen überstehen derartige Schlechtwetterperioden in der Reproduktionsperiode sehr gut. In der Literatur wird keine erhöhte Mortalität festgehalten (CRAMP & PERRINS 1993, GLUTZ & BAUER 1993). Im Untersuchungsgebiet bei Innsbruck aber wurden nach Schneefällen Ende April wiederholt zahlreiche Bruten aufgegeben und Altvögel, insbesondere Weibchen, verschwanden (FÖGER 1991). Da generell eine große Brutorttreue innerhalb einer Saison festgestellt werden konnte, ist davon auszugehen, dass die Tiere der Kälte und dem stark reduzierten Nahrungsangebot zum Opfer gefallen sind. Ähnliches könnte auch für andere inneralpine Lagen gelten. Im Raum Innsbruck kommen immer wieder Jahre mit äußerst geringem Bruterfolg vor und entsprechend stark schwanken die Bestände. Sie können nur durch Zuwanderung aufrecht erhalten werden (FÖGER 1991, 2001).

Im Winterhalbjahr jedoch spielt neben der Verfügbarkeit von Nahrung die Witterung eine erhebliche Rolle bei der Höhe der Mortalität. Je kälter es ist, desto mehr steigt der Energiebedarf der Blaumeisen und damit auch ihr Futterverbrauch. In Engpassperioden kommt es daher bei tiefen Temperaturen zu einem sehr deutlichen Anstieg der Sterblichkeit (PERRINS 1979). Auch extreme Niederschlagsverhältnisse, wie etwa Eisregen oder starker Schneefall, wirken sich auf die Überlebensrate negativ aus. Die vergleichsweise geringe Mortalität kanarischer Blaumeisen dürfte neben dem geringeren Feinddruck auch auf das sehr ausgeglichene Klima der Inseln zurückzuführen sein.

10.1.2 Beutegreifer

Zwischen Meisen und ihren Prädatoren bestehen mit großer Wahrscheinlichkeit sehr komplexe Zusammenhänge. Bereits DUNN (1977) konnte zeigen, dass zwischen der Siedlungsdichte der Vögel bzw. anderer wichtiger Beutetiere und der Prädationsrate ein deutlicher Zusammenhang besteht. In Jahren mit hohen Nagetierbeständen erbeuten Wiesel (*Mustela nivalis*) deutlich weniger Meisen als in schlechten »Mausjahren«. Ähnliche Wechselwirkungen dürften keine Seltenheit darstellen.

Wichtigster Feind adulter Blaumeisen ist der Sperber (*Accipiter nisus*). Die Zahl der erbeuteten Individuen kann dabei beträchtlich sein (PERRINS 1979). Der Anteil der erlegten Brutvögel beträgt bis 16,8 %, schwankt aber zwischen den verschiedenen Beobachtungsjahren. DHONDT (1989) stellte einen erheblichen Einfluss des Sperbers auf den Lebenszeit-Bruterfolg fest, doch trotz der hohen Fangraten scheint die Bedeutung für die Populationsdynamik von Meisen eher gering zu sein (GEER 1978, PERRINS & GEER 1980). Allerdings sank in einer belgischen Untersuchungsfläche die Überlebensrate von Blaumeisen nach Kolonisation durch den Sperber (DHONDT et al. 1998). In ihrem Feindabwehrverhalten, insbesondere bei den Warnrufen, zeigen sich bei Blaumeisen deutliche Anpassungen an ihren Hauptfeind. So ist etwa der Flugfeindwarnruf für den Sperber kaum hör- und nur äußerst schwer lokalisierbar (vgl. Kap. 4.1.4). Außerdem zeigen sie bei Flugfeindangriffen trotz der geringen zur Verfügung stehenden Zeit unterschiedliche Fluchtreaktionen je nach Angriffswinkel und -geschwindigkeit (LIND et al 2002): So weichen sie etwa bei hoher Geschwindigkeit des Greifvogels eher seitlich aus, bei niedrigem Anflugwinkel tauchen sie steiler ab. Hauptziel ist es, ihre höhere Manövrierbarkeit zu nutzen und nicht, maximale Distanz zwischen sich und den Prädator zu legen. Dies wäre bei der viel geringeren Fluggeschwindigkeit der Blaumeisen auch gar nicht möglich. Das differenzierte Reaktionsverhalten deutet auf eine lange evolutive Anpassung an Flugfeinde hin.

Daneben können auch andere Greifvögel gelegentlich Blaumeisen erbeuten, so etwa der Turmfalke (*Falco tinnunculus*) in städtischen Lebensräumen. Eulen als Prädatoren dürften eine untergeordnete Bedeutung spielen. Wir konnten jedoch in Einzelfällen Blaumeisen-Reste in Gewöllen des Waldkauzes (*Strix aluco*) und in Rupfungen des Sperlingskauzes (*Glaucidium passerinum*) feststellen.

Von Säugetieren geht für adulte Blaumeisen verglichen mit den Nestlingen (siehe Kap. 7.8.2) eine deutlich geringere Bedrohung aus. Allerdings werden besonders brütende Weibchen immer wieder von Nesträubern miterbeutet. Ähnlich wie für die Nestlinge sind die Wiesel die wichtigsten Beutegreifer. Nagetiere hingegen lassen sich in den allermeisten Fällen vom Zischen und Flügelschlagen der Adulten abschrecken (LÖHRL 1977). Fütternde Altvögel werden nur mehr sehr selten am Nest erbeutet. Eine Prädation bei der Nahrungssuche kommt jedoch immer wieder vor. Neben verschiedenen Marderartigen spielen dabei im menschlichen Siedlungsraum vor allem Hauskatzen eine Rolle, doch lässt sich ihr Effekt nur schwer quantifizieren und dürfte im Vergleich zu den hohen Prädationsraten durch den Sperber in naturnahen Waldgebieten eher vernachlässigbar sein.

Beutegreifer aus anderen Tiergruppen werden erwachsenen Blaumeisen im Normalfall kaum gefährlich.

10.1.3 Sonstige Todesursachen

Über Krankheiten, die zum Tod von Blaumeisen führen, ist so gut wie nichts bekannt. GLUTZ & BAUER (1993) erwähnen, dass in einer sehr geringen Stichprobe unbekannter Todesursache ein Großteil der Individuen mit Coccidien infiziert war. Ob diese Bakterien jedoch auch zum Tod geführt haben, ist unklar. Auch das kurzfristig vermehrt aufgetretene Brüten auf leerem Nest (siehe Kap. 7.4.2) wurde mit Infektionskrankheiten in Verbindung gebracht. Ob es jedoch dadurch zu einer erhöhten Mortalität der betroffenen Weibchen kam, wird in der Literatur nicht erwähnt. Auch auf Parasiten als Todesursache erwachsener Blaumeisen liegen keine verlässlichen Hinweise vor.

10.2 Zusammenhang zwischen Anzahl der Nachkommen und Mortalität der Eltern

Zwischen der Anzahl der Nachkommen und dem Risiko ihrer Eltern besteht ein in der Literatur viel diskutierter Zusammenhang. Durch den höheren Aufwand bei der Versorgung und Aufzucht größerer Bruten ist anzunehmen, dass die Altvögel einem stärkeren Prädationsdruck und engeren energetischen Limits (vgl. NUR 1984 a) ausgesetzt sind, die zu einer Steigerung der Mortalität führen könnten. Allerdings kommen andere Studien zu widersprüchlichen Ergebnissen: Für Insellebensräume von besonderem Interesse sind die Ergebnisse von BLONDEL et al. (1992). Sie fanden keinen

Abb. 31: Blaumeise auf Serviette. Foto: K. PEGORARO u. M. FÖGER.

Abb. 32: Blaumeise auf »Kaffeehäferl«. Foto: K. PEGORARO u. M. FÖGER.

Abb. 33: Blaumeise in Kinderbüchern. Foto: K. PEGORARO u. M. FÖGER.

Unterschied in der Altvogelmortalität zwischen südfranzösischen Gebieten mit hoher Fortpflanzungsrate und korsischen Populationen mit geringen Nachwuchszahlen. Nach Geschlechtern aufgeteilt sind die Ergebnisse etwas differenzierter: Weibchen überlebten auf der Insel besser, Männchen am Festland. Die negative Korrelation zwischen Fortpflanzungs- und Überlebensrate wurde damit in dieser Untersuchung nicht bestätigt. Dabei sind jedoch einige Aspekte zu beachten, welche dieses Resultat möglicherweise beeinflusst haben. So unterliegt etwa die Mortalität einer allometrischen, d.h. größenabhängigen Beziehung (vgl. z.B. GAILLARD et al. 1989); die untersuchten korsischen Blaumeisen der Unterart *P. c. ogliastrae* sind etwa 15 % kleiner als die Meisen auf dem Festland und müssten daher eine höhere Sterblichkeit haben. Die unterschiedlichen Gelegegrößen und damit Fortpflanzungsraten der beiden Untersuchungsgebiete sind eventuell nicht durch den Inselcharakter, sondern durch die unterschiedlichen Habitate bedingt (vgl. ISENMANN 1983). Weitere eventuelle methodische Probleme betreffen das Brüten in den sicheren Nistkästen (vgl. Kap. 7) und die wahrscheinlich unterschiedliche Migrationsdynamik (vgl. Kap. 8.2.2) der untersuchten Populationen. Daher kann der Zusammenhang zwischen Überlebens- bzw. Mortalitätsrate der Altvögel und der Zahl der Nachkommen auch beim derzeitigen Wissensstand noch nicht umfassend beantwortet werden.

10.3 Höchstalter

Nur wenige Individuen werden älter als zwei Jahre. Eine kritische Periode mit erhöhter Mortalität tritt in Mitteleuropa wieder ab dem siebten Lebensjahr auf, so dass ältere Blaumeisen in dieser Region eine Seltenheit darstellen. Bei umfassenden Untersuchungen im Raum Braunschweig waren die ältesten Individuen einer sehr intensiv untersuchten Population 8¾ (Weibchen) bzw. 8 (Männchen) Jahre alt (WINKEL & FRANTZEN 1991). Auf den britischen Inseln erreichen Blaumeisen im Mittel ein höheres Alter, was auf geringere Wintermortalität zurückzuführen sein dürfte (PERRINS 1979). Hier wurden auch die beiden absoluten Rekordhalter frei lebender Blaumeisen mit 12,3 (FORSYTH 1988) Jahren bzw. 11,4 (PERRINS 1979) Jahren festgestellt. Auf den Kanarischen Inseln ist, bedingt durch die generell geringe Mortalität, eine ähnlich hohe Lebenserwartung anzunehmen, doch fehlen bisher Beringungsprojekte entsprechender zeitlicher Dauer.

11 Beziehung Mensch - Blaumeise

Allgemein als putziger kleiner Vogel bewertet, ist die Blaumeise fast jedermann bekannt. Schließlich hält sie sich oft genug in unmittelbarer Nähe des Menschen auf – Kontakte in Parkanlagen und Gärten sind alltäglich. Zudem nehmen die Tiere gerne Nistkästen an und nutzen ab und zu auch andere Strukturen des Menschen, um ihre Jungen aufzuziehen (siehe Kap. 7.2.3). Im Winter kann man sie häufig an Futterstellen beobachten. Es ist daher nicht verwunderlich, dass die Beziehung Blaumeise – Mensch schon eine ganze Weile besteht.

Bereits im Hochmittelalter und der frühen Neuzeit hielt der possierliche Vogel Einzug in Kunst und Wissenschaft. Über 400 Jahre ist es her, seit GESNER (z.B. 1600) ihn beschrieben und gegen andere Arten, insbesondere die Schwanzmeise, abgegrenzt hat. Heute dient er als Modellorganismus für verschiedenste Disziplinen der Zoologie (vg. Kap. 1). Durch deren Ergebnisse und ihre leichte Beobachtbarkeit eignet sich die Blaumeise auch ideal für Schulprojekte (z.B. BERRESSEM 1984). Schüler können am Nistkasten hautnah das Brutgeschehen miterleben, viele Geheimnisse aus dem Leben von Kleinvögeln entdecken, am Futterplatz Hierarchien feststellen, verblüffende Geschicklichkeiten austesten und, und, und ...

Wenden wir uns nun der Kunst zu: Schon in frühen Buchdrucken begegnen wir der Blaumeise immer wieder, meist ist sie in den Buchmalereien jedoch nur Bestandteil der floralen Verzierungen, welche die Texte umrahmen. Ein berühmtes Beispiel stellt die Koberger-Bibel dar, die im 15. Jh. in Nürnberg entstand. Im Buch Genesis kann der aufmerksame Betrachter am unteren Ende eine Blaumeise in den Ranken entdecken. Und bereits in den ältesten Vogelbüchern, z.B. bei GESNER, tauchen naturgetreue Stiche auf. Auch in Gedichten ist die Blaumeise regelmäßig vertreten. Wilhelm Busch beschreibt etwa ihr Verhalten bei der Nahrungssuche: »Hell flötet sie und klettert munter / Am Strauch kopfüber und kopfunter. / Das härt'ste Korn verschmäht sie nicht, / Sie hämmert, bis die Schale bricht.« Auch in moderne Lyrik hat die Art immer wieder Eingang gefunden. So heißt es im Gedicht »fremd sein« von Michael Hillen (1996) »... und eins sein mit / der blaumeise die aufrecht / in der wand steht.«

Der Berliner Künstler Wolfgang Müller widmet sogar einen guten Teil seines Schaffens der Blaumeise. Wie alles begann: Im Jahr 1994 behauptete »die tageszeitung« Wolfgang Müller würde Blaumeisen für italienische Feinkostgeschäfte züchten. Als Medienopfer wurde er in der bekannten deutschen Talkshow Fliege vorgestellt. Es folgte die Ausstellung BLUE TIT mit Fotos der amerikanischen Fotografin Nan Goldin – allerdings zur Verwunderung des Publikums von präparierten Vögeln und Steiff-Tieren. Zudem waren isländische Steine mit Blaumeisengravur des Künstlers zu bewundern. Erstmalig traten Wolfgang Müller und sein »alter ego« Úlfur Hróðólfsson 1995 zusammen in der Ausstellung parus caeruleus in Erscheinung, deren Exponate in Krakau, Hamburg, Kassel und Reykjavík gezeigt wurden. Fortan begann Müller in Deutschland und Island Material für sein Buch »BLUE TIT – das deutsch-isländische Blaumeisenbuch« (1998) zu sammeln, in dem sogar ein Song – geschrieben für den Popsänger Andreas Dorau – mit dem Titel »Blaumeise« enthalten ist. Etwa zur selben Zeit konzipierte und moderierte er die 12-teilige Show »Wolfgang Müller's Kunst- und Meisencafé« in der Berliner Volksbühne. Ein weiteres Gustostück zu diesem Thema ist die Bronzeskulptur »Gnocco per cinciallegre« (Meisenknödel) aus den Jahren 2001/2002.

Auch das Kunsthandwerk nimmt sich in unterschiedlichster Weise der Blaumeise an – von Nippes bis Kitsch ist für jeden Geschmack etwas zu finden. Porzellanfiguren mit mehr oder weniger naturalistischer Darstellung

Abb. 34: Blaumeise in Kinderbüchern. Foto: K. PEGORARO u. M. FÖGER.

Abb. 35: Links: »Gnocco per cinciallegre« (Meisenknödel), Bronzeguß, Auflage 8 Exemplare, WOLFGANG MÜLLER 2002, Büro Neapel, Italien. Rechts: Elfenstein, WOLFGANG MÜLLER 1995 (isländischer Riesenkiesel mit gravierter Blaumeise; Sammlung HANNS ZISCHLER). Ausschnitt.

stehen in Schaufenstern neben Ziertellern oder Spieluhren und auch Schmuck mit Blaumeisen kann entdecken, wer lange genug sucht. Durch ihre attraktive Optik dienen sie immer wieder als Verzierung alltäglicher Gebrauchsgegenstände. Auf Geschirr und Servietten hält sie Einzug auf den Mittagstischen, auf Schulartikeln (z.B. Radiergummis) erobert sie unsere Klassenzimmer. Ein besonderer Fall sind Darstellungen auf unzähligen Briefmarken, die recht weit ins Detail gehen und sogar verschiedene Unterarten zeigen. Kein Wunder, dass sich auch die Werbung einem derart bekannten Tier angenommen hat: Als Illustration warb eine Blaumeise etwa für Bio-Äpfel aus ökologischem Landbau.

Erst wer sich näher damit beschäftigt, wird plötzlich entdecken, wie oft sie in Kinderbüchern abgebildet ist; auch wir waren beim Durchblättern der Bücher unserer kleinen Tochter über die Vielzahl erstaunt. Mitunter ist sie sogar der Held eigener Geschichten. Und als Stofftier besiedelt sie – teilweise auch singend – so manches Kinderzimmer. Eine Rarität für Sammler hingegen ist beispielsweise die Steiff Woll-Blaumeise, 1949-1958 produziert und in gutem Erhaltungszustand heute bereits ziemlich wertvoll.

Diese Auflistung, die natürlich jeglicher Vollständigkeit entbehrt, soll zeigen, wie populär dieser Vogel ist und hoffentlich auch in Zukunft bleiben wird.

12 Danksagung

Bei unseren langjährigen Studien an Meisen wurden wir von einer Vielzahl von Kollegen und Freunden in unterschiedlichster Weise unterstützt. Ohne ihre Hilfe wären unsere Studien und damit auch dieses Buch wohl nie zustande gekommen. Es fällt nach den vielen Jahren schwer, sich der Legion hilfreicher Geister zu erinnern. Allen ungenannten, die einen Beitrag zu unseren Arbeiten geleistet haben, möchten wir auf diesem Wege recht herzlich danken und uns jetzt schon dafür entschuldigen, dass wir vergaßen, sie zu erwähnen.

Univ. Prof. Dr. E. THALER hat uns vor etlichen Jahren angeregt, mit wissenschaftlichen Arbeiten an Meisen zu beginnen und viele wertvolle Anregungen geliefert, vielen Dank liebe Ellen! Unser Dank gilt weiter dem Direktor des Innsbrucker Alpenzoos, Dr. M. MARTYS, sowie seinem Vorgänger Dr. H. PECHLANER, die uns das Arbeiten im Alpenzoo Innsbruck/Tirol ermöglichten und finanziell unterstützten.

Ganz besonders bedanken möchten wir uns bei Dr. K.-H. SCHMIDT (Ökologische Außenstelle der Universität Frankfurt/M.). In all den Jahren, die wir uns jetzt schon kennen, hat er durch viele Diskussionen und anregende Gespräche immer wieder neue Ansätze für unsere Untersuchungen aufgezeigt. Auch den zahlreichen Mitarbeitern der Ökologischen Außenstelle, allen voran Dipl. Biol. H.-J. HAMANN, sei auf diesem Wege herzlich für die freundschaftliche Aufnahme an ihrem Institut gedankt. Dr. E. BEZZEL ermöglichte dankenswerterweise Untersuchungen am Wank bei Garmisch-Partenkirchen. Gerne erinnern wir uns an die lebhaften Gespräche mit Dr. H. LÖHRL und seiner Gattin.

Die Untersuchungen zum Embryonalstoffwechsel von Blaumeisen wurden am Institut für Zoologie und Limnologie in Innsbruck durchgeführt. Univ. Doz. Dr. R. DALLINGER stellte das Respirometer für diese Messungen zur Verfügung, Dr. R. LACKNER half bei Entwicklung und technischer Umsetzung des Versuchsaufbaus. Univ. Prof. Dr. W. WIESER und Univ. Prof. Dr. R. PRINZINGER trugen durch viele wertvolle Tipps zu den physiologischen Untersuchungen bei. Ohne das persönliche Engagement von Dr. B. BERGER wären die respirometrischen Messungen nicht möglich gewesen. Euch allen sei ganz herzlich gedankt!

Univ. Prof. Dr. J. KNOBLOCH half uns bei der Suche und Interpretation von Blaumeisen-Namen in den verschiedenen europäischen Sprachen. Univ. Prof. Dr. W. SCHEDL gab uns wertvolle entomologische, Univ. Prof. Dr. J. MARTENS systematisch-taxonomische Anregungen. Für die Hilfe bei der Beschaffung von Literatur möchten wir R. SCHLENKER und Dr. R. ROST besonders erwähnen. Sie haben auf manche verborgene Quellen hingewiesen und nicht leicht verfügbare Literatur zugänglich gemacht. Mag. E. OBERAUER hat uns aus den reichen Zeitschriftenbeständen des Alpenzoos immer wieder die eine oder andere Kopie von Meisenartikeln zukommen lassen. Danke!

Ganz speziell für dieses Buch konnten wir weitere wertvolle Kontakte knüpfen: S. BREHME stellte uns aktuelle Literatur zu abberant gefärbten Blaumeisen zur Verfügung. Dr. K. SEIDL vom Kunsthistorischen Museum, Sammlungen Schloss Ambras, half uns mit ihren umfassenden kunsthistorischen Kenntnissen. W. MÜLLER stellte uns Bildmaterial zu seinen künstlerischen Arbeiten zur Verfügung. Auch ihnen gebührt unser besonderer Dank.

Für die gute Zusammenarbeit und die große Geduld bei der Entstehung dieses Werkes danken wir der Leitung des Westarp Wissenschaften Verlages, insbesondere Gräfin E. VON WESTARP.

13 Literaturverzeichnis

Aichhorn, A. (1989): Nestbautechnik des Schneefinken (*Montifringilla n. nivalis* L.). – Egretta 32: 58-71.

Andrewartha, H. G. & I. C. Birch (1954): The distribution and abundance of animals. University of Chicago Press.

Angelici, F. M. & L. M. Luiselli (1998): Ornithophagy in Italian snakes: A review. – Bull. Soc. Zool. France 123: 15-22.

Aschoff, J. (1960): Exogenous and endogenous components in circadian rhythms. – Cold Spr. Harb. Symp. quant. Biol. 25: 11-28.

Avise, J. C. (1996): Three fundamental contributions of molecular genetics to avian ecology and evolution. – Ibis 138: 16-25.

Bairlein, F. (1996): Ökologie der Vögel: Physiologische Ökologie – Populationsbiologie – Vogelgemeinschaften – Naturschutz. – Gustav Fischer, Stuttgart.

Balen, J. H. van (1973): A comparative study of the breeding ecology of the Great Tit *Parus major* in different habitats. – Ardea 61: 1-93.

Balen, J. H. van, J. H. Booy, J. A. van Franeker & E. R. Osieck (1982): Studies on hole-nesting birds in natural nestsites. 1. Availability and occupation of natural sites. – Ardea 70: 1-24.

Balen, J. H. van & R. P. J. Potting (1990): Comparative reproductive biology of four Blue Tit populations in the Netherlands. In: Blondel, J., A. Gosler, J.-D. Lebreton & R. McCleery (Hrsg.): Population biology of passerine birds. – Springer, Berlin: 19-38.

Bańbura, J., J. Blondel, H. De Wilde-Lambrechts & M. J. Galan (1994): Nestlings diet variation in an insular Mediterranean population of Blue Tit *Parus caeruleus*: Effects of years, territories and individuals. – Oecologia 100: 413-420.

Baouab, R. (1983): Etude écologique et stratégie démographique des Mésanges *Parus caeruleus ultramarinus* et *Parus major* dans deux localités du Maroc. – Dissertation Univ. Rabat.

Bauer, H.-G., & P. Berthold (1996): Die Brutvögel Mitteleuropas. Bestand und Gefährdung. – Aula Verlag, Wiesbaden.

Becker, P. H., G. Thielcke & K. Wüstenberg (1980): Versuche zum angenommenen Kontrastverlust im Gesang der Blaumeise auf Teneriffa. – J. Ornithol. 121: 81-95.

Bednekoff, P. A., H. Biebach & J. R. Krebs (1994): Great Tit fat reserves under unpredictable temperatures. – J. Avian Biol. 25: 156-160.

Bednekoff, P. A. & J. R. Krebs (1995): Great Tit fat reserves: effects of changing and unpredictable feeding day length. – Functional Ecology 9: 457-462.

Berger, B., M. Föger, S. Büchele, & R. Dallinger (1994): Der embryonale Sauerstoffverbrauch des Buntspechts (*Dendrocopos major*): Einfluß von Entwicklungsmodus und Bebrütungszeit. – J. Ornithol. 135: 101-105.

Berndt, R., W. Winkel & H. Zang (1983): Über Legebeginn und Gelegestärke von Kohl- und Blaumeise (*Parus major, P. caeruleus*) in Beziehung zur geographischen Lage des Brutortes. – Vogelwarte 32: 46-56.

Berressem, H. (1984): Lebensraumvergleiche mit Hilfe brutbiologischer Untersuchungen. – Der Biologieunterricht BU 20: 52-89.

Berressem; K. H., H. Berressem, & K.-H. Schmidt (1983): Vergleich der Brutbiologie von Höhlenbrütern in innerstädtischen und stadtfernen Biotopen. – J. Ornithol. 124: 431-445.

Berthold, P. (2000): Vogelzug. Eine aktuelle Gesamtübersicht. – 4., stark überarbeitete und erweiterte Auflage. Spektrum, Darmstadt.

Betts, M. M. (1955): The food of titmice in oak woodland. – J. Anim. Ecol. 24: 282-323.

Bezzel, E. (1993): Kompendium der Vögel Mitteleuropas. Passeriformes - Singvögel. Wiesbaden.

Bezzel, E. & R. Prinzinger (1990): Ornithologie. – UTB, Stuttgart.

Bibby, C. J., N. D. Burgess, & D. A. Hill (1992): Bird Census Techniques. – Academic Press, London.

Bihler, G. (1997): Siedlungsdichte und Nistplatzwahl von Höhlenbrütern unter natürlichen Bedingungen: Untersuchungen in einem montanen Mischwald der Nördlichen Kalkalpen. – Diplomarbeit Univ. Innsbruck.

Bijnens, L. & A. A. Dhondt (1984): Vocalizations in a Belgian blue tit, *Parus c. caeruleus*, population. – Le Gerfaut 74: 243-269.

Birchard, G. F. & D. L. Kilgore (1980): Conductance of water vapor in eggs of burrowing and nonburrowing birds: implications for embryonic gas exchange. – Physiol. Zool. 53: 284-292.

Blem, C. A. (1990): Avian fat storage. – Current Ornithology 7: 59-133.

Blondel, J. (1985): Breeding strategies of the Blue Tit and Coal Tit (*Parus*) in mainland and island Mediterranean habitats: a comparison. – J. Anim. Ecol. 54: 531-556.

Blondel, J., D. Chessel & B. Frochot (1988): Bird species impoverishment, niche expansion, and density inflation in mediterranean island habitats. – Ecology 69: 1899-1917.

Blondel, J., A. Dervieux, M. Maistre & P. Perret (1991): Feeding ecology and life history variation of the Blue Tit in Mediterranean mainland and island habitats. – Oecologia 88: 9-14.

Blondel, J., P. C. Dias, M. Maistre & P. Perret (1993): Habitat heterogeneity and life history variation of Mediterranean Blue Tits. – Auk 110: 511-520.

Blondel, J., P. Isenmann, M. Maistre, & P. Perret (1992): What are the consequences of being a Downy Oak (*Quercus pubescens*) or a Holm Oak (*Q. ilex*) for breeding Blue Tits (*Parus caeruleus*)? – Vegetatio 99/100: 129-136.

Blondel, J., P. Perret & M. Maistre (1990): On the genetical basis of the laying-date in an island population of Blue Tit. – J. Evol. Biol. 3: 469-476.

Blondel, J., P. Perret, M. Maistre & P. C. Dias (1992): Do harlequin mediterranean environments function as source sink for Blue Tits (*Parus caeruleus* L.)? – Landscape Ecol. 6: 213-219.

Blondel, J., R. Pradel & J.-D. Lebreton (1992): Low fecundity insular blue tits do not survive better as adults than high fecundity mainland ones. – J. Anim. Ecol. 61: 205-213.

Blümel, H. (1976): Zur Brutbiologie der Blaumeise. – Falke 23: 380-383.

Brehme, S. (2002): Eine leuzistische Blaumeise *Parus caeruleus* in Berlin. – Ornithol. Mitt. 54: 282-283.

Brown, R., J. Ferguson, M. Lawrence & D. Lees (1993): Federn, Spuren & Zeichen der Vögel Europas. Ein Feldführer. – 2. Auflage. AULA, Wiesbaden.

Bucher, T. L. (1983): Parrot eggs, embryos, and nestlings: patterns and energetics of growth and development. – Physiol. Zool. 56: 465-483.

Bucher, T. L., G. Bartholomew, W. Trivelpiece & N. Volkman (1986): Energetics of growth in Adelie and Emperor penguin embryos. – Auk 103: 485-493.

Búrquez, A. (1992): Blue Tits as pollinators of the Crown Imperial. – Brit. Birds 85: 41-43.

Campbell, B. & J. Ferguson-Lee (1972): A field guide to birds'nests. – Constable & Co., London.

Carrascal, L. M., E. Moreno & A. Valido (1994): Morphological evolution and changes in foraging behaviour of island and mainland populations of Blue Tit (*Parus caeruleus*) – a test of convergence and ecomorphological hypotheses. – Evolutionary Ecology 8: 25-35.

Clark, A. B. & D. S. Wilson (1981): Avian breeding adaptions: hatching asynchrony, brood reduction and nest failure. – Quart. Rev. Biol. 56: 253-277.

Cowie, R. J. & S. A. Hinsley (1987): Breeding success of Blue Tits and Great Tits in suburban gardens. – Ardea 75: 81-90.

Cowie, R. J. & S. A. Hinsley (1988): Feeding ecology of Great Tits (*Parus major*) and Blue Tits (*Parus caeruleus*) breeding in suburban gardens. – J. Anim. Ecol. 57: 611-626.

Cramp, S. & C. M. Perrins (1993): Handbook of the birds of Europe, the Middle East and North Africa. Vol. VII: Flycatchers to Shrikes. – Oxford University Press.

Croon, B. , K.-H. Schmidt, A. Mayer & F. G. Mayer (1985): Ortstreue und Wanderverhalten von Meisen (*Parus major, P. caeruleus, P. ater, P. palustris*) außerhalb der Fortpflanzungszeit. – Vogelwarte 33: 8-16.

Curio, E. (1959): Verhaltensstudien am Trauerschnäpper. Beiträge zur Ethologie und Ökologie von *Muscicapa h. hypoleuca* Pallas. – Z. Tierpsychol., Beiheft 3: 1-118.

Davis, M. F. (1978): A helper at a Tufted Titmouse nest. – Auk 95: 767.

Deckert, G. (1955): Beiträge zur Kenntnis der Nestbautechnik deutscher Sylviiden. – J. Ornithol. 96: 186-206.

Deckert, G. (1964): Nestbau, Jungenaufzucht und postnatale Entwicklung bei der Kohlmeise (*Parus m. major* L.). – Beitr. z. Vogelk. 10: 213-230.

Deckert, G. (1969): Zur Ethologie und Ökologie des Haussperlings (*Passer d. domesticus* L.). – Beitr. Vogelk. 15: 1-84.

Delmee, E., P. Dachy & P. Simon (1972): Contribution à la biologie des Mésanges en milieu forestier. – Aves 9: 1-80.

Dervieux, A., P. Isenmann, A. Clamens & P. Cramm (1990): Breeding time and breeding performance of the Blue Tit in two Mediterranean habitats. – In: Blondel, J., A. Gosler, J.-D. Lebreton & R. McCleery (Hrsg.): Population biology of passerine birds. – Springer, Berlin: 77-87.

DHONDT, A. A. (1987): Polygynous Blue Tits and monogamous Great Tits: Does the polygyny-treshold model hold? – Amer. Naturalist 129: 213-220.

DHONDT, A. A. (1989): Blue Tit. In: NEWTON, I.: Lifetime reproduction in birds. – Academic Press, London: 15-33.

DHONDT, A. A., B. KEMPENAERS & F. ADRIAENSEN (1992): Density-dependent clutch size caused by habitat heterogeneity. – J. Anim. Ecol. 61: 643-648.

DHONDT, A. A., B. KEMPENAERS & J. CLOBERT (1998): Sparrowhawk *Accipiter nisus* predation and Blue Tit *Parus caeruleus* adult annual survival rate. – Ibis 140: 580-584.

DHONDT, A. A., R. EYCKERMAN & J. SCHILLEMANS (1983): Polygyny by Blue Tits. – Brit. Birds 76: 34-37.

DHONDT, A. A., E. MATTHYSEN, F. ADRIAENSEN & M. M. LAMBRECHTS (1990): Population dynamics and regulation of a high density Blue Tit population. In: BLONDEL, J., A. GOSLER, J.-D. LEBRETON & R. MCCLEERY (Hrsg.): Population biology of passerine birds. – Springer, Berlin: 39-53.

DHONDT, A. A., J. SCHILLEMANS & J. DE LAET (1982): Blue Tit territories in populations at different density levels. – Ardea 70: 185-188.

DIAS, P. C. & J. BLONDEL (1996): Breeding time, food supply and fitness components of Blue Tits *Parus caeruleus* in Mediterranean habitats. – Ibis 138: 644-649.

DOUTRELANT, C. & M. M. LAMBRECHTS (2001): Macrogeographic variation in song – a test of competition and habitat effects in blue tits. – Ethology 107: 533-544.

DOUTRELANT, C., A. LEITAO, K. OTTER & M. M. LAMBRECHTS (2000): Effect of blue tit song syntax on great tit territorial responsiveness – an experimental test of the character shift hypothesis. – Behav. Ecol. Sociobiol. 48: 119-124.

DOUTRELANT, C., O. LEMAÎTRE & M. M. LAMBRECHTS (2001): Song variation in blue tit *Parus caeruleus* populations from Corsica and mainland southern France. – Ardea 89: 375-385.

DUDERSTADT, H. (1964): Vergleichende Untersuchungen über den Einfluß höhlenbrütender Singvögel auf die Insekten- und Spinnenfauna eines jungen Eichenwaldes. – Z.angew. Zool. 51: 129-177, 257-310.

DUFVA, R. & K. ALLANDER (1996): Variable effect of the Hen Flea *Ceratophyllus gallinae* on the breeding success of the Great Tit *Parus major* in relation to weather conditions. – Ibis 138: 772-777.

DUNN, E. K. (1977): Predation by Weasels (*Mustela nivalis*) on breeding tits (*Parus spp.*) in relation to the density of tits and rodents. – J. Anim. Ecol. 46: 633-652.

DVORAK, M., A. RANNER, & H.-M. BERG (1993): Atlas der Brutvögel Österreichs. – Umweltbundesamt, Wien.

ECK, S. (1988): Gesichtspunkte zur Art-Systematik der Meisen (Paridae, Aves). – Zool. Abh. Mus. Tierk. Dresden 43: 101-134.

EHRLICH, P. R., D. S. DAVID, S. DOBKIN & D. WHEYE (1988): Cooperative Breeding. – http://www.stanfordalumni.org/birdsite/text/essays/Cooperative_Breeding.html; 8.01.2004

ERBELDING-DENK, C. & F. TRILLMICH (1990): Das Mikroklima im Nistkasten und seine Auswirkungen auf die Nestlinge beim Star (*Sturnus vulgaris*). – J. Ornithol. 131: 73-84.

FARGALLO, J. A. & R. D. JOHNSTON (1997): Breeding biology of the Blue Tit *Parus caeruleus* in a montane Mediterranean deciduous forest: the interaction of latitude and altitude. – J. Ornithol. 138: 83-92.

FARNER, D. S. (1967): The control of avian reproductive cycles. – Proc. 14. Int. Orn. Congr. 1966: 106-133.

FEENY, P. P.(1970): Oak tannins and caterpillars. – Ecology 51: 565-581.

FISHER, J. & R. A. HINDE (1949): The opening of milk bottles by birds. – Brit. Birds 42: 347-357.

FITZPATRICK, S. (1994): Nectar-feeding by suburban Blue Tits: contributions to the diet in spring. – Bird Study 41: 136-145.

FLEGG, J. J. M. & C. J. COX (1977): Morphometric studies of a population of Blue and Great Tits. – Ringing & Migration 1: 135–140.

FLICK, A. & S. HUMMEL (1987): Auswertung von Langzeituntersuchungen bei Höhlenbrütern unter besonderer Berücksichtigung von Legeunterbrechungen und Schlüpfmodus. – Wissenschaftliche Hausarbeit, Frankfurt/M.

FÖGER, M. (1991): Brutbiologische Untersuchungen an einer Population von Tannen- und Blaumeisen (*Parus ater, P. caeruleus*). Beobachtungen im Alpenzoo Innsbruck. – Diplomarbeit, Univ. Innsbruck.

FÖGER, M. (1993 a): Legefolge und asynchrones Schlüpfen bei Tannen- und Blaumeise (*Parus ater, P. caeruleus*). – J. Ornithol. 134: 95-99.

FÖGER, M. (1993 b): Zur Bedeutung von Einzelindividuen für Populationen – Untersuchungen an Blaumeisen *Parus caeruleus*. – Monticola 7: 56-57.

FÖGER, M. (1994): Studies on habitat use in tits (*Parus* spp.) - a comparison of different methods. – J. Ornithol. 135, Sonderheft: Research notes on avian biology: 173.

FÖGER, M. (2001): Ausgewählte Aspekte der Brutbiologie mitteleuropäischer Meisen (Paridae). Nestbau, Eiphysiologie, Jungenaufzucht. Dissertation Univ. Innsbruck.

FÖGER, M. & K. PEGORARO (1996): Über den Einfluß der Nahrung auf die Eigröße der Kohlmeise *Parus major*. – J. Ornithol. 137: 329-335.

FREED, L. A., S. CONANT & R. C. FLEISCHER (1987): Evolutionary ecology and radiation of Hawaiian passerine birds. – Trends in Ecology and Evolution 2: 196-203.

GAILLARD, J. M., D. PONTIER, D. ALLAINÉ, J.-D. LEBRETON, J. TORUVILLIEZ & J. CLOBERT (1989): An analysis of demographic tactics in birds and mammals. – Oikos 56: 59-76.

GAISER, G. (1991): Untersuchungen zur Nutzung von Naturhöhlen durch eine Vogelpopulation in einer Streuostwiese. Diplomarbeit Univ. Frankfurt/M.

GASSEN, H. G., G. E. SACHSE & A. SCHULTE (1994): PCR. Grundlagen und Anwendungen der Polymerase-Kettenreaktion. – Stuttgart, Jena, New York.

GELTER, H. P. & H. TEGELSTRÖM (1990): Restriction enzyme cleavage of nuclear DNA reveals differences in repetitive sequences in two species pairs (*Ficedula* and *Parus*). – Auk 107: 429-431.

GESNER, C. (1600): Vogelbuch oder Außführliche beschreibung und lebendige ja auch eygentliche Controfactur und Abmahlung aller und jeder Vögel, wie dieselben unter dem weiten Himmel allenthalben gefunden und gesehen werden. Robert Tamplers Erben, Frankfurt/M.

GIBB, J. A. (1950): The breeding biology of the Great and Blue Titmice. – Ibis 92: 507-539.

GIBB, J. A. (1954): The feeding ecology of tits, with notes on the Treecreeper and Goldcrest. – Ibis 96: 513-543.

GIBB, J. A. (1957): Food requirements and other observations on captive tits. – Bird Study 4: 207-215.

GIBB, J. A. & M. M. BETTS (1963): Food and food supply of nestling Tits (*Paridae*) in Breckland pine. – J. Anim. Ecol. 32: 489-533.

GILL, F. B., D. H. FUNK & B. SILVERIN (1989): Protein relationships among titmice (*Parus*). – Wilson Bull. 101: 182-197.

GIL-DELGADO, J. A., G. LÓPEZ & E. BARBA (1992): Breeding ecology of the Blue Tit *Parus caeruleus* in eastern Spain: A comparison with other localities with special reference to Corsica. – Orn. Scand. 23: 444-450.

GINN, P. J., W. G. MCILLERON & P. LE S. MILSTEIN (1989): The complete book of Southern African Birds. – Kapstadt.

GLUTZ VON BLOTZHEIM, U. N. (1962): Die Brutvögel der Schweiz. Aarau.

GLUTZ VON BLOTZHEIM, U. N., & K. M. BAUER (1993): Handbuch der Vögel Mitteleuropas. Band 13/I. 4. Teil. AULA, Wiesbaden.

GOMPERTZ, T. (1961): The vocabulary of the Great Tit (*Parus major*) and some other related species. – Brit. Birds 54: 369-394, 409-417.

GOODBODY, I. M. (1952): The post-fledging dispersal of juvenile titmice. – Brit. Birds 45: 279-285.

GOSLER, A. G. (1996): Environmental and social determinants of winter fat storage in the great tit *Parus major*. – J. Anim. Ecol. 65: 1-17.

GOSLER, A. G., J. J. D. GREENWOOD & C. M. PERRINS (1995): Predation risk and the cost of being fat. – Nature 377: 621-623.

GRANT, P. R. (1979): Ecological and morphological variation of Canary Island blue tits, *Parus caeruleus* (Aves: Paridae). – Biol. J. Linn. Soc. 11: 103-129.

GRANT, P. R. (1999): Ecology and evolution of Darwin's Finches. – Princeton University Press.

GRAVELAND, J. (1995): The quest of calcium. Calcium limitation in the reproduction of forest passerines in relation to snail abundance and soil acidification. Dissertation Univ. Groningen.

GRIECO, F. (2001): Short-term regulation of food-provisioning rate and effect on prey size in blue tits, *Parus caeruleus*. – Anim. Behav. 62: 107-116.

GRIECO, F. (2002): How different provisioning strategies result in equal rates of food delivery: An experimeltal study of blue tits *Parus caeruleus*. – J. Avian Biol. 33: 331-341.

GRÜNBERGER, S. (1990): Angeborene und erfahrungsbedingte Komponenten der Habitatwahl der Tannenmeise (*Parus ater*). – Diplomarbeit Univ. Konstanz.

GRÜNBERGER, S. (1992): Die Ausbildung von Habitatpräferenzen bei der Tannenmeise (*Parus ater*): Verschränkung angeborener und erfahrungsbedingter Mechanismen. – Dissertation Univ. Konstanz.

GRÜNBERGER, S. & B. LEISLER (1990): Angeborene und erfahrungsbedingte Komponenten der Habitatwahl der Tannenmeise (*Parus ater*). – J. Ornithol. 131: 460-464.

GULLBERG, A., H. TEGELSTRÖM & H. P. GELTER (1992): DNA fingerprinting reveals multiple paternity in families of Great and Blue Tits (*Parus major* and *P. caeruleus*). – Hereditas 117: 103-108.

GWINNER, E. (1965): Beobachtungen über Nestbau und Brutpflege des Kolkraben (*Corvus corax*) in Gefangenschaft. – J. Ornithol. 106: 145-178.

GYURKO, J. (1960): Observations of the feeding of the young of some Passeridae. – Aquila 66: 25-39.

Haftorn, S. (1976): Variation in body weight, wing length and tail length in the great tit *Parus major*. – Norw. J. Zool. 4: 241-271.

Haftorn, S. (1978): Egg-laying and regulation of egg temperature during incubation in the Goldcrest *Regulus regulus*. – Orn. Scan. 9: 2-21.

Haftorn, S. (1986): Clutch size, intraclutch egg size variation, and breeding strategy in the Goldcrest *Regulus regulus*. – J. Ornithol. 127: 291-301.

Haftorn, S. (1989): Seasonal and diurnal body weight variations in titmice, based on analyses of individual birds. – Wilson Bull. 101: 217-235.

Haftorn, S. (1992): The diurnal body weight cycle in titmice *Parus* spp. – Orn. Scand. 23: 435-443.

Haftorn, S. & R. E. Reinertsen (1985): The effect of teperature and clutch-size on the energetic cost of incubation in a free living Blue Tit (*Parus caeruleus*). – Auk 102: 470-478.

Hagemeijer, E. J. M. & M. J. Blair (Eds. 1997): The EBCC Atlas of European Breeding Birds: Their Distribution and Abundance. – T & AD Poyser, London.

Hamann, H.-J. (1987): Die Variabilität der Eigröße bei Kohlmeisen *Parus major* und ihre biologische Bedeutung. – Diplomarbeit Univ. Frankfurt/M.

Hamann, H.-J., K.-H. Schmidt & S. Simonis (1989): Der Einfluß der Höhenlage auf Ei- und Gelegegröße bei Kohlmeisen (*Parus major*). – J. Ornithol. 130: 69-74.

Hansell, M. H. (1993): The ecological impact of animal nests and burrows. – Functional Ecology 7: 5-12.

Harrap, S. & D. Quinn (1996): Tits, nuthatches & treecreepers. Helm Identification Guides. – A & C Black, London.

Harrison, C.O.J. (1975): Jungvögel, Eier und Nester aller Vögel Europas, Nordafrikas und des Mittleren Ostens. – Paul Parey, Hamburg/Berlin.

Hart, N. S., J. C. Partridge, I. C. Cuthill & A. T. D. Bennett (2000): Visual pigments, oil droplets, ocular media and cone photoreceptor distribution in two species of passerine bird: the blue tit (*Parus caeruleus* L.) and the blackbird (*Turdus merula* L.). – J. Comp. Physiol. A 186: 375-387.

Hartert, E. (1921/22): Die Vögel der paläarktischen Fauna 3. Berlin.

Hartley, P. H. T.(1953): An ecological study of the feeding habits of the English titmice. J. Anim. Ecol. 22: 261-288.

Heim de Balsac, H. & N. Mayaud (1962): Les Oiseaux du Nord-Ouest de l'Afrique. Distribution géographique, Écologie, Migrations, Reproduction. – Ed. Paul Lechevalier, Paris.

Heinroth, O. & M. Heinroth (1926): Die Vögel Mitteleuropas. – Berlin.

Hellmann, R. (1983): Observational Learning in Blue Tits. – Naturwissenschaften 70: 260.

Hellmann, R. (1985): Zur »Wanderunruhe« bei Blaumeisen. – J. Ornithol. 126: 207-210.

Hildén, O. (1982): Proportion of juveniles as a measure of adult mortality in a breeding population of Great Tits and Blue Tits. – Orn. Fenn. 59: 149-151.

Hildén, O. (1990): Long-term study of a northern population of the Blue Tit. In: Blondel, J., A. Gosler, J.-D. Lebreton & R. McCleery (Hrsg.): Population biology of passerine birds. – Springer, Berlin: 65-75.

Hillen, M. (1996): In den Engen der Straßen. Gedichte. Protext-Verlag Bonn.

Hinde, R. A. (1952): The behaviour of the Great Tit (*Parus major*) and some related species. – Behaviour Suppl. II: 1-201.

Hinde, R. A. & J. Fisher (1952): Further observations on the opening of milk bottles by birds. – Brit. Birds 44: 393-396.

Hoeher, S. (1978): Gelege der Vögel Mitteleuropas - und einiger in nördlicheren und südlicheren Breiten brütenden Arten. – Neumann-Neudamm, Melsungen.

Hogstad, D. (1978): Differentiation of foraging niche among tits, *Parus* ssp., in Norway during the winter. – Ibis 120: 139-146.

Hollom, P. A. D., R. F. Porter, S. Christensen & I. Willis (1988): Birds of the Middle East and North Africa. A companion guide. – T & AD Poyser, Calton.

Houston, A. I., J. M. McNamara & J. M. C. Hutchinson (1993): General results concerning the trade-off between gaining energy and avoiding predation. – Phil. Trans. R. Soc. Lond. B 341: 375-397.

Huble, J. (1960): Feeding rates of Blue Tits. – Le Gerfault 50: 465-476.

Hudde, H. (1988): Vier adulte Blaumeisen (*Parus caeruleus*) an einem Nest. – Vogelwarte 34: 234-235.

Hunt, S., A. T. D. Bennett, I. C. Cuthill & R. Griffiths (1998): Blue tits are ultraviolet tits. – Proc. Royal Soc. London B 265: 451-455.

Hunt, S., A. T. D. Bennett, I. C. Cuthill & R. Griffiths (1999): Preference for ultraviolet partners in the blue tit. – Animal Behaviour 58: 809-815.

Immelmann, K. (1971): Ecological aspects of periodic reproduction. In: Farner, D. S. & J. R. King (Hrsg.): – Avian Biology Vol. I: 341-389.

Immelmann, K. (1982): Wörterbuch der Verhaltensforschung. – Paul Parey, Berlin, Hamburg.

Isenmann, P. (1983): Zur Brutbiologie einer Blaumeisen-Population in Süd-Frankreich. – Vogelwelt 104: 142-148.

Isenmann, P. (1987): Geographical variation in clutch size: the example of the Blue Tit (*Parus caeruleus*) in the Mediterranean area. – Vogelwarte 34: 93–99.

Isenmann, P., E. Alés & O. Moreno (1990): The timing of breeding and clutch size of Blue Tits in an evergreen Holm oak habitat in Southern Spain. – Rev. Ecol 45: 177-181.

Jenni, L. & R. Winkler (1994): Moult and ageing of European Passerines. – Academic Press, London.

Kaiser, A. (1993): A new multy-category classification of subcutaneous fat deposits on songbirds. – J. Field Ornithol. 64: 246-255.

Källander, H. (1974): Advancement of laying of Great Tits by the provision of food. – Ibis 116: 365-367.

Källander, H. (1983): Aspects of the breeding biology, migratory movements, winter survival and population fluctuations in the Great Tit (*Parus major*) and the Blue Tit (*P. caeruleus*). – Dissertation Univ. Lund.

Keil, W. (1963): Untersuchungen zur Ermittlung der Fütterfrequenz einiger Singvögel. – Angew. Orn. 1: 29-31.

Kempenaers, B. W. (1994): The social mating system and behavioural aspects of sperm competition in the Blue Tit *Parus caeruleus*. PhD thesis, Universität Antwerpen.

Kempenaers, B. W., G. R. Verheyen & A. A. Dhondt (1995): Mate guarding and copulation behaviour in monogamous and polygynous blue tits: Do males follow a best-of-a-bad-job strategy? – Behav. Ecol. Sociobiol. 36: 33-42.

Kendeigh, S. C. (1941): Factors affecting length of incubation. – Auk 57: 499-513.

Kilzer, R. & V. Blum (1991): Atlas der Brutvögel Vorarlbergs. – Natur und Landschaft in Vorarlberg 3.

Kiziroğlu, J. (1982): Brutbiologische Untersuchungen an vier Meisenarten (*Parus*) in der Umgebung von Ankara. – J. Ornithol. 123: 409-423.

Klump, G. M. & E. Curio (1983): Reactions of Blue tits to hawk models of different sizes. – Bird Behaviour 4: 78-81.

Klump, G. M., E. Kretzschmar & E. Curio (1986): The hearing of an avian predator and its avian prey. Behav. – Ecol. Sociobiol. 18: 317-323.

Koenig, W. D., P. A. Gowaty & J. L. Dickinson (1992): Boxes, barns, and bridges: confounding factors or exceptional opportunities in ecological studies? – Oikos 63: 305-308.

Kolb, H. & M. Hemprich (1999): Blaumeise – *Parus caeruleus*. In: Heine, G., H. Jacoby, H. Leuzinger & H. Stark (Hrsg.): Die Vögel des Bodenseegebietes. – Orn. Jh. Bad.-Württ. 14/15: 674-677.

Kothbauer-Hellmann, R. (1990 a): On the origin of a tradition: milk bottle opening by titmice (Aves, Paridae). – Zool. Anz. 225: 353-361.

Kothbauer-Hellmann, R. (1990 b): »Anpöbeln« bei Jungmeisen (*Parus*): Entwicklung der Rangordnung. J. Ornithol. 131: 421-427.

Krüper, T. (1853): Oologisches über *Parus coeruleus*. – J. Ornithol. 1: 69.

Kuitunen, M. & A. Aleknonis (1992): Nest predation and breeding success in Common Treecreepers nesting in boxes and natural cavities. – Orn. Fennica 69: 7-12.

Kvist, L., M. Ruokonen, J. Lumme & M. Orell (1999): Different population structures in northern and southern populations of the European blue tit (*Parus caeruleus*). – J. Evol. Biol. 12: 798-805.

Lack, D. (1954): The natural regulation of animal numbers. – Clarendon Press, Oxford.

Lack, D. (1966): Population studies of birds. Clarendon Press, Oxford.

Landmann, A. (1987): Ökologie synanthroper Vogelgemeinschaften: Struktur, Raumnutzung und Jahresdynamik der Avizönosen. Biologie und Ökologie ausgewählter Arten. – Dissertation Univ. Innsbruck.

Lauermann, H. (1976): Die Vögel des Forstes Trübenbach im nordöstlichen Waldviertel (Niederösterreich). – Egretta 19: 23-60.

Leclercq, B. (1975): Contribution à l´étude expérimentale de l´écologie des Mésanges en fûtaie de Chênes. – Dissertation Univ. Dijon.

Li, P. & T. E. Matin (1991): Nest-site selection and nesting success of cavity-nesting birds in high elevation forest drainages. - Auk 108: 405-418.

Lind, J., U. Kaby & S. Jakobsson (2002): Split-second escape decisions in blue tits (*Parus caeruleus*). – Naturwissenschaften 89: 420-423.

Lilliendahl, K., A. Carlson, J. Welander & J.B. Ekman (1996): Behavioural control of daily fattening in great tits (*Parus major*). – Can. J. Zool. 74: 1612-1616.

Lima, S. L. (1986): Predation risk and unpredictable feeding conditions: determinants of body mass in birds. – Ecology 67: 377-385.

Löhrl, H. (1957): Der Kleiber. – NBB 196. A. Ziemsen Verlag, Wittenberg Lutherstadt.

Löhrl, H. (1964): Verhaltensmerkmale der Gattungen *Parus* (Meisen), *Aegithalos* (Schwanzmeisen), *Sitta* (Kleiber), *Tichodroma* (Mauerläufer) und *Certhia* (Baumläufer). – J. Ornithol. 105: 153-181.

Löhrl, H. (1968): Das Nesthäkchen als biologisches Problem. – J. Ornithol. 109: 383-395.

Löhrl, H. (1974): Die Tannenmeise. – NBB 472. Wittenberg Lutherstadt.

Löhrl, H. (1976): Die Sumpfmeise (*P. palustris*) als Brutvogel des Fichtenwaldes im Vergleich zu Tannen-, Blau- und Kohlmeise (*P. ater, P. caeruleus* und *P. major*). – Vogelwelt 97: 217-223.

Löhrl, H. (1977): Nistökologische und ethologische Anpassungserscheinungen bei Höhlenbrütern. Vogelwarte 29, Sonderheft: 92-101.

Löhrl, H. (1981): Zur Kenntnis der Laubmeise, *Sylviparus modestus*. – J. Ornithol. 122: 89-92.

Löhrl, H. (1986): Experimente zur Bruthöhlenwahl der Kohlmeise (*Parus major*). – J. Ornithol. 127: 51-59.

Löhrl, H. (1990): Experimentelle Untersuchungen zum Konkurrenzproblem bei Höhlenbrütern. – Vogelschutz in Österreich 5: 39-47.

Löhrl, H. (1991): Die Haubenmeise. NBB 609. Wittenberg Lutherstadt.

Löhrl, H. (1995): Ethologische Aspekte zum Übernachten einiger europäischer Meisen (*Parus* spec.) im Winterhalbjahr. – Ökol. Vögel 17: 129-139.

Löhrl, H. (1997): Zum Verhalten der Sultansmeise in Menschenhand. – Gefiederte Welt 5/97: 162-166.

Ludescher, F.-B. (1973): Sumpfmeise (*Parus p. palustris* L.) und Weidenmeise (*P. montanus salicarius* Br.) als sympatrische Zwillingsarten. – J. Ornithol. 114: 3-56.

MacArthur, R.H. (1972): Geographical Ecology. Haper & Row, New York.

MacArthur, R. H. & E. O. Wilson (1967): The theory of island biogeography. Princeton University Press.

Mace, R. (1989): A comparison of Great Tits' (*Parus major*) use of time in different daylength at three European sites. – J. Anim. Ecol. 58: 143-151.

Marler, P. (1956): Über die Eigenschaften einiger tierlicher Rufe. – J. Ornithol. 97: 220-227.

Marler, P. (1957): Specific distinctiveness in the communication signals of birds. – Behaviour 11: 13-39.

Martin, J.-L. (1984): Island biogeography of Corsican birds: some trends. – Holarctic Ecology 7: 211-217.

Martin, J.-L. (1991): The *Parus caeruleus* complex revisited. – Ardea 79: 429-438.

Martin, T. E. & P. Li (1992) Life history traites of open- vs. cavity-nesting birds. – Ecology 73: 579-592.

Mattes, H. (1988): Untersuchungen zur Ökologie und Biogeographie der Vogelgemeinschaften des Lärchen-Arvenwaldes im Engadin. – Münstersche Geographische Arbeiten 30. Paderborn.

Metcalfe, N. B. & S. E. Ure (1995): Diurnal variation in flight performance and hence potential predation risk in small birds. – Proc. R. Soc. Lond. B 261: 395-400.

Moali, A., M. Akil & P. Isenmann (1992): Modalités de la reproduction de deux populations de Mésange bleue (*Parus caeruleus ultramarinus*) en Algérie. – Rev. Ecol. (Terre Vie) 47: 313-318.

Möckel, R. (1992): Auswirkungen des »Waldsterbens« auf die Populationsdynamik von Tannen- und Haubenmeise (*Parus ater, P. cristatus*). – Ökol. Vögel 14: 1-100.

Møller, A. P. (1989): Parasites, predators and nest boxes: facts and artefacts in nest box studies in birds? – Oikos 56: 421-423.

Møller, A. P. (1992): Nest boxes and the scientific rigour of experimental studies. – Oikos 63: 309-311.

Müller, W. (1998): Blue Tit. Das deutsch-isländische Blaumeisenbuch. – Martin Schmitz Verlag, Kassel.

Mullis, K. B., F. Ferré & R.A. Gibbs (Hrsg., 1994): The polymerase chain reaction. – Boston.

Nager, R. G. & A. J. van Noordwijk (1992): Energetic limitation in the egg-laying period of Great Tits. Proc. R. Soc. Lond. B 249: 259-263.

Nager, R. G. & P. Wiersma (1996): Physiological adjustments to heat in Blue Tit *Parus caeruleus* nestlings from a Mediterranean habitat. – Ardea 84: 115–125.

Naumann, J. A. (1824): Naturgeschichte der Vögel Deutschlands. – Fleischer, Leipzig.

Neub, M. (1977): Evolutionsökologische Aspekte zur Brutbiologie von Kohl- und Blaumeise. – Dissertation Univ. Freiburg.

Newton, C. & A. Graham (1994): PCR. – Heidelberg.

Nilsson, J-Å. & E. Svensson (1993): Energy constraints and ultimate decisions during egg-laying in the Blue Tit. – Ecology 74: 244-251.

Noordwijk, A. J. van (1980): On the genetical ecology of the Great Tit. Dissertation, Univ. Utrecht.

Noordwijk, A. J. van, L.C.P. Keizer, J. H. van Balen & W. Scharloo (1981): Genetic variation in egg dimensions in natural populations of the Great Tit. Genetica 55: 221-232.

NORBERG, U. M. (1979): Morphology of the wings, legs and tail of three coniferous forest tits, the goldcrest, and the treecreeper in relation to locomotor pattern and feeding station selection. – Phil. Trans. Royal Soc. London B 287: 131-165.

NUR, N. (1984a): The consequences of brood size for breeding Blue Tits I. Adult survival, weight change and the cost of reproduction. J. Anim. Ecol. 53: 479- 496.

NUR, N.(1984b): The consequences of brood size for breeding Blue Tits II. Nestling weight, offspring survival and optimal brood size. – J. Anim. Ecol. 53: 497-517.

NUR, N. (1986): Is clutch size variation in the Blue Tit (*Parus caeruleus*) adaptive? An experimental study. – J. Anim. Ecol. 55: 983-999.

O'CONNOR, R. J. (1978): Growth strategies in nestling passerines. Living Bird 16: 209- 238.

O'CONNOR, R. J. (1984): The growth and development of birds. – Chichester.

OFTRING, A. (1989): Vergleichende Untersuchungen zur Fütterfrequenz und zum Bruterfolg von Kohl-, Blau- und Tannenmeise (*Parus major, P. caeruleus, P. ater*). Wissenschaftl. Hausarbeit, Univ. Frankfurt/M.

OP DE HIPT, E. & R. PRINZINGER (1992): Embryogenese des Energiestoffwechsels bei der Amsel *Turdus merula*. – J. Ornithol. 133: 82–86.

OWEN, D. F. (1954): The winter weights of Titmice. – Ibis 96: 299-309.

PARTRIDGE, L. (1974): Habitat selection in titmice. – Nature 247: 573-574.

PEGORARO, K. (1996): Der Waldrapp. Vom Ibis, den man für einen Raben hielt. AULA, Wiesbaden.

PERRINS, C. M. (1976): Possible effects of qualitative changes in the insect diet of avian predators. – Ibis 118: 580-584.

PERRINS, C. M. (1979): British tits. – Collins, London.

POHL, H (1988): Grenzen der Synchronisation circadianer Rhythmen durch Licht bei Vögeln. – Vogelwarte 34: 291-301.

POLLHEIMER, J. (1999): Überwinterungsstrategien höhlenbrütender Vogelarten (*Picoides major, Sitta europaea, Parus spp.*). – Diplomarbeit Univ. Innsbruck.

PÖSEL, A., K. FÖRSTER & B KEMPENAERS (2001): The dawn song of the blue tit *Parus caeruleus* and its role in sexual selection. – Ethology 107: 521-531.

PULIDO, F. J. & M. DIAZ (1997): Linking individual foraging behavior and population spatial distribution in patchy environments: a field example with Mediterranean blue tits. – Oecologia 111: 434-442.

RAHN, H. & A. AR (1974): The avian egg: incubation time and water loss. – Condor 76: 147-152.

RANNER, A. (2003): Nachweise seltener und bemerkenswerter Vogelarten in Österreich 1999-2000. 4. Bericht der Avifaunistischen Kommission von BirdLife Österreich. – Egretta 46: 109-135.

REICHARDT, M. (1980): Untersuchungen zur Fütterfrequenz bei Kohlmeisen. Wissenschaftl. Hausarbeit, Univ. Frankfurt/M.

REITH, E. & K.-H. SCHMIDT (1987): Welche Faktoren beeinflussen die postjuvenile Mauser bei Kohlmeisen *Parus major*? – Cour. Forsch.-Inst. Senckenberg 97: 75-96.

REUL, A. (1995): Geographisch und klimatisch bedingte Variationen in der Brutphase: Nestbau, Eiablage und Bebrütung bei Blaumeisen (*Parus caeruleus* L.). – Diplomarbeit Univ. Frankfurt/M.

RHEINWALD, G. (1975): Gewichtsentwicklung einiger nestjunger Höhlenbrüter. – J. Ornithol. 116: 55-64.

RICKLEFS, R. E. (1967): A graphical method of fitting equations to growth curves. – Ecology 48: 978-983.

ROGERS, C. M. (1987): Predation risk and fasting capacity: do wintering birds maintain optimal body mass. – Ecology 68: 1051-1061.

ROTHENBÄCHER, U. (1995): Brutbiologische Untersuchungen in der Nestlingsphase bei Blaumeisen (*Parus caeruleus* L.) – Vergleich einer Inselpopulation auf Tenerife mit einer mitteleuropäischen Population. – Diplomarbeit Univ. Frankfurt/M.

ROYAMA, T. (1966): Factors governing feeding rate, food requirement and brood size of nestling Great Tits, *Parus major*. – Ibis 108: 313-347.

SALZBURGER, W., J. MARTENS & C. STURMBAUER (2002): Paraphyly of the Blue Tit (*Parus caeruleus*) suggested from cytochrome b sequences. – Mol. Phylogen. Evol. 24: 19-25.

SCHÄFER, H. (1971): Mischbrut bei Blaumeise (*Parus caeruleus*) und Weidenmeise (*Parus montanus*). – Vogelring 3: 99.

SCHMID, H., R. LUDER, B. NAEF-DAENZER, R. GRAF & N. ZBINDEN (1998): Schweizer Brutvogelatlas. Verbreitung der Brutvögel in der Schweiz und im Fürstentum Liechtenstein 1993-1996. – Schweizerische Vogelwarte, Sempach.

SCHMIDT, K.-H. (1983): Untersuchungen zur Jahresdynamik einer Kohlmeisenpopulation. Ökol. Vögel 5: 135-202.

Schmidt, K.-H. (1984): Frühjahrstemperaturen und Legebeginn bei Meisen (Parus). J. Ornithol. 125: 321-331.

Schmidt, K.-H., H. Berressem, K. G. Berressem, & M. Demuth (1985): Untersuchungen an Kohlmeisen (*Parus major*) in den Wintermonaten – Möglichkeiten und Grenzen der Methode »Nachtfang«. – J. Ornithol. 126: 63-71.

Schmidt, K.-H. & H. Einloft-Achenbach (1984): Können isolierte Meisenpopulationen in Städten ihren Bestand erhalten? – Vogelwelt 105: 97-105.

Schmidt, K.-H. & H.-J. Hamann (1983): Unterbrechung der Legefolge bei Höhlenbrütern. – J. Ornithol. 124: 163-176.

Schmidt, K.-H., S. Jackel & B. Croon (1986): Netzfänge von Kohlmeisen (*Parus major*) an Futterstellen – Möglichkeiten und Grenzen der Methode. – J. Ornithol. 127: 61-67.

Schmidt, K.-H. & S. Wolff (1985): Hat die Winterfütterung einen Einfluß auf Gewicht und Überlebensrate von Kohlmeisen (*Parus* major). – J. Ornithol. 126: 175-180.

Schmidt, K.M. (1990): Die Embryogenese des Stoffwechsels bei Kohl- und Blaumeise (*Parus major* L. und *Parus caeruleus* L.). – Diplomarbeit Univ. Frankfurt/M.

Schneider, H. (1981): Die Avifauna des Wiener Praters und der Alberner Au. – Hausarbeit Univ. Wien.

Schneyder, M. (1991): Vergleichende Untersuchungen zur Brutbiologie, Höhenverbreitung und Populationsdynamik der Kohlmeise (*Parus major*) und der Tannenmeise (*P. ater*) in einem Gebiet am Alpennordrand. Diplomarbeit, Univ. Frankfurt/M.

Schottler, B. & J. Martens (1992): Alarmrufe kanarischer Blaumeisen (*Parus caeruleus*) – ein Beitrag zur intraspezifischen Diversität. – Verh. Dtsch. Zool. Ges. 85: 192.

Schottler, B. (1993): Die Lautäußerungen der Blaumeisen (*Parus caeruleus*) der Kanarischen Inseln – Variabilität, geographische Differenzierungen und Besiedlungsgeschichte. – Dissertation Univ. Mainz.

Schottler, B. (1995): Songs of blue tits *Parus caeruleus palmensis* from La Palma (Canary Islands): A test of hypotheses. – Biacoustics 6: 135-152.

Sheldon, F. H. & F. B. Gill (1996): A reconsideration of songbird phylogeny, with emphasis on the evolution of titmice and their sylvioid relatives. – Syst. Biol. 45: 473-495.

Sheldon, F. H., B. Slikas, M. Kinnarney, F. B. Gill, E. Zhao & B. Silverin (1992): DNA-DNA hybridization evidence of phylogenetic relationships among major lineages of *Parus*. – Auk 109: 173-185.

Sibley, C. G. & J. E. Ahlquist (1990): Phylogeny and classification of birds. – New Haven.

Sibley, C. G., J. E. Ahlquist & B. L. Monroe (1988): A classification of the living bird of the world based on DNA-DNA hybridization studies. – Auk 105: 409-423.

Simonis, S. (1990): Vergleichende Untersuchungen zur Brutbiologie der Kohlmeise (*Parus major*) in einem Grenzverbreitungsgebiet am Alpennordrand, einem Mittelgebirgs- und einem städtischen Gebiet. Diplomarbeit, Univ. Frankfurt/M.

Skutch, A.F. (1986): Helpers at bird´s nest. – Iowa University Press.

Slikas, B., F. H. Sheldon & F. B. Gill (1996): Phylogeny of titmice (Paridae): Estimate of relationships among subgenera based on DNA-DNA hybridization. – J. Avian Biol. 27: 70-82.

Snow, D. W. (1954): The habitats of Eurasian tits (*Parus* spp.). – Ibis 96: 565-585.

Spencer, B. & C. Mead (1978): Hints on ageing and sexing throughout the year. – Ringers´ Bull. 5: 38–42.

Stacey, P. B. & W. D. Koenig (1990): Cooperative breeding in birds. Long-term studies of ecology and behavior. – Cambridge University Press.

Stöllner, D. (1991): Einfluß von Früherfahrung auf die spätere Habitatwahl von Blaumeise (*Parus caeruleus*) und Tannenmeise (*P. ater*). – Diplomarbeit Univ. Innsbruck.

Sturmbauer, C., R. Dallinger, B. Berger & M. Föger (1998): Mitochondrial phylogeny of the genus *Regulus* and implications on the evolution of breeding behavior in sylvioid songbirds. – Mol. Phylogenet. Evol. 10: 144-149.

Suhonen, J., M. Halonen & T. Mappes (1993): Predation risk and the organization of the Parus guild. – Oikos 66: 94-100.

Suolahti, H. (1909): Die deutschen Vogelnamen. Eine wortgeschichtliche Untersuchung. Unveränderter photomechanischer Nachdruck 2000. De Gruyter, Berlin New York.

Svensson, L. (1992): Identification guide to European passerines. 4th edition. Stockholm.

Taberlet, P., A. Meyer & J. Bouvet (1992): Unusual mitochondrial DNA polymorphism in two local populations of the Blue Tit *Parus caeruleus*. – Mol. Ecol. 1: 27-36.

Tarbell, A. T. (1983): A yearling helper with a Tufted Titmouse brood. - J. Field Orn. 54: 89.

Tarboton, W. R. (1981): Cooperative breeding and group territoriality in the Black Tit. – Ostrich 52: 216-225.

Tauchnitz, H. (2002): Ungewöhnliche Farbaberrationen von Blaumeisen. – Ornithol. Mitt. 54: 281-282.

Thaler, E. (1976): Nest und Nestbau von Winter- und Sommergoldhähnchen (*Regulus regulus* und *R. ignicapillus*). – J. Ornithol. 117: 121-144.

Thaler, E. (1979): Das Aktionssystem von Winter- und Sommergoldhähnchen (*Regulus regulus, R. ignicapillus*) und deren ethologische Differenzierung. – Bonn. Zool. Monogr. 12: 1-151.

Thaler, E. (1983): Beobachtungen zur Brutbiologie des Alpenschneehuhns (*Lagopus mutus helveticus*) im Alpenzoo Innsbruck. Zool. Garten N.F. 53: 101-123.

Thaler, E. (1990): Die Goldhähnchen. – NBB 597. Wittenberg Lutherstadt.

Thiede, W. (2002): Betrachtungen zu farbabweichenden Blaumeisen und Kohlmeisen. – Ornithol. Mitt. 54: 278-281.

Thielcke, G. (1968): Gemeinsames der Gattung *Parus*. Ein bioakustischer Beitrag zur Systematik. – Vogelwelt, Beiheft 1: 147-164.

Thielcke, G. (1970): Die sozialen Funktionen der Vogelstimmen. – Vogelwarte 25: 204-229.

Thomas, D. W., J. Blondel & P. Perret (2001): Physiological ecology of Mediterranean Blue Tits (*Parus caeruleus*): I. A test of inter-population differences in resting metabolic rate and thermal conductance as a response to hot climates. – Zoology 104: 33-40.

Tucker, G. M., & M. F. Heath (1994): Birds in Europe: their conservation status. – BirdLife Conservation Series no. 3. Cambridge.

Vaurie, C. (1950): Notes on some Asiatic titmice. – Am. Museum Novitates 1459: 1-66.

Vaurie, C. (1957): Systematic notes on the Palearctic birds, number 26. Paridae. The *Parus caeruleus* complex. – Am. Museum Novitates 1833: 1-15.

Verheyen, G. R., B. Kempenaers, T. Burke, M. van den Broeck, C. van Broeckhoven & A. Dhondt (1994): Identification of hypervariable single locus minisatellite DNA probes in the Blue Tit *Parus caeruleus*. – Molecular Ecology 3: 137-143.

Vleck, C. M., D. F. Hoyt & D. Vleck (1979): Metabolism of avian embryos: patterns in altricial and precocial birds. – Physiol. Zool. 52: 363-377.

Voous K. H. (1977): List of recent Holarctic bird species. London.

Wassmann, R. (1989): Gemeinsame Jungenaufzucht durch drei Blaumeisen. – Vogelwarte 35: 81-82.

Weimer, V. (1994): Untersuchungen zur Eiqualität bei der Kohlmeise (*Parus major* L.) in Abhängigkeit von der Bodenbeschaffenheit. – Diplomarbeit Univ. Frankfurt/M.

Wesołowski, T. (1989): Nest-sites of hole-nesters in a primaeval temperate forest (Białowieża National Park, Poland). – Acta Ornithologica 25: 321-351.

Wesołowski, T. & T. Stawarczyk (1991): Survival and population dynamics of Nuthatches *Sitta europaea* breeding in natural cavities in a primeval temperate forest. – Orn. Scand. 22: 143-154.

Wiens, J. A. (1989a): The ecology of bird communities. Vol. 1: Foundations and patterns. – Cambridge University Press.

Wiens, J. A. (1989b): The ecology of bird communities. Vol. 2: Processes and variations. – Cambridge University Press.

Wiles, P. R., J. Cameron, J. M. Behnke, I. R. Hartey, F. S. Gilbert & P. K. McGregor (2000): Season and ambient air temperature influence the distribution of mites (*Proctophyllodes stylifer*) across the wings of blue tits (*Parus caeruleus*). Canadian Journal of Zoology, 78, 1397-1407.

Winding, N. (1974): Quantitative Bestandsaufnahmen der Vogelwelt eines parkähnlichen Stadtgebietes von Salzburg. – Ber. Haus der Natur Salzburg 4: 30-37.

Winding, N. & H. M. Steiner (1988): Donaukraftwerk Hainburg/Deutsch-Altenburg. Untersuchung der Standortfrage (Zoologischer Teil). 4. Vögel. In: Welan, M. & K. Wedl (Hrsg.). Der Streit um Hainburg in Verwaltungs- und Gerichtsakten. – Niederösterreich-Reihe 5, Akademie für Umwelt und Energie, Laxenburg: 274-303.

Winkel, W. (1970): Experimentelle Untersuchungen zur Brutbiologie von Kohl- und Blaumeisen (*Parus major* und *Parus caeruleus*). – J. Ornithol. 111: 154-174.

Winkel, W. (1972): Beobachtungen zum Abwehrverhalten (»Zischen«) nestjunger Meisen (*Parus* spp.). – Vogelwelt 93: 68-71.

Winkel, W. (1975): Vergleichend-brutbiologische Untersuchungen an fünf Meisen-Arten (*Parus* spp.) in einem niedersächsischen Aufforstungsgebiet mit Japanischer Lärche *Larix leptolepis*. – Vogelwelt 96: 41-63; 104-114.

Winkel, W. (1981): Ein Fall von Bigynie bei der Blaumeise (*Parus caeruleus*)? Vogelwelt 102: 141-142.

Winkel, W. & M. Frantzen (1991): Zur Populationsdynamik der Blaumeise (*Parus caeruleus*): Langfristige Studien bei Braunschweig. – J. Ornithol. 132: 81-96.

Winkel, W. & H. Hudde (1997): Long-term trends in reproductive traits of tits (*Parus major, Parus caeruleus*) and Pied Flycatchers (*Ficedula hypoleuca*). – J. Avian Biol. 28: 187-190.

Yom-Tov, Y. (1992): Mating system and laying date in birds. – Ibis 133: 52-55.

Zang, H. (1980): Einfluß der Höhenlage auf Siedlungsdichte und Brutbiologie höhlenbrütender Singvögel im Harz. – J. Ornithol. 121: 371-386.

Zang, H. (1982): Der Einfluß der Höhenlage auf Alterszusammensetzung und Brutbiologie bei Kohl- und Blaumeise im Harz. – J. Ornithol. 123: 145-154.

Zeh, H., K.-H. Schmidt & B. Croon (1985): Gibt es geschlechtsspezifische Unterschiede in der Ortstreue, Ansiedlung und Mortalität bei Blaumeisen? – Vogelwarte 33: 131-134.

14 Register